U0256897

权威·前沿·原创

皮书系列为
"十二五""十三五""十四五"时期国家重点出版物出版专项规划项目

BLUE BOOK

智库成果出版与传播平台

风险治理蓝皮书

BLUE BOOK OF RISK GOVERNANCE

中国风险治理发展报告（2020~2021）

ANNUAL REPORT ON RISK GOVERNANCE DEVELOPMENT OF CHINA

(2020-2021)

主 编／张 强 钟开斌 陆奇斌

社会科学文献出版社

SOCIAL SCIENCES ACADEMIC PRESS（CHINA）

图书在版编目（CIP）数据

中国风险治理发展报告 . 2020-2021 / 张强，钟开斌，
陆奇斌主编 . --北京：社会科学文献出版社，2022.10
（风险治理蓝皮书）
ISBN 978-7-5228-0356-2

Ⅰ.①中… Ⅱ.①张… ②钟… ③陆… Ⅲ.①自然灾
害-灾害管理-研究报告-中国-2020-2021 Ⅳ.
①X432

中国版本图书馆 CIP 数据核字（2022）第 112309 号

风险治理蓝皮书
中国风险治理发展报告（2020~2021）

主　编／张　强　钟开斌　陆奇斌

出 版 人／王利民
组稿编辑／邓泳红
责任编辑／桂　芳
责任印制／王京美

出　　版／社会科学文献出版社·皮书出版分社（010）59367127
　　　　　地址：北京市北三环中路甲 29 号院华龙大厦　邮编：100029
　　　　　网址：www. ssap. com. cn
发　　行／社会科学文献出版社（010）59367028
印　　装／天津千鹤文化传播有限公司

规　　格／开本：787mm×1092mm　1/16
　　　　　印张：15. 25　字数：223 千字
版　　次／2022 年 10 月第 1 版　2022 年 10 月第 1 次印刷
书　　号／ISBN 978-7-5228-0356-2
定　　价／128. 00 元

读者服务电话：4008918866

　　本书的出版得到了南都公益基金会、基金会救灾协调会、北京师范大学"全球发展战略合作伙伴计划之国际人道与可持续发展创新者计划全球在线学堂项目"的资助以及中国应急管理学会蓝皮书系列编写指导委员会的支持。

中国应急管理学会蓝皮书系列
编写指导委员会

2020～2021年风险治理蓝皮书
编 委 会

主 编 简 介

张　强　教授，现任联合国开发计划署与中国风险治理创新项目实验室主任，北京师范大学风险治理创新研究中心主任、社会发展与公共政策学院教授，博士生导师。2004 年博士毕业于清华大学公共管理学院，哈佛大学燕京学社访问学者（2011~2012）。兼任世界卫生组织学习战略发展顾问组成员、联合国全球志愿服务发展报告专家顾问组成员、国际应急管理学会中国委员会副主席、中国行政管理学会理事、中国志愿服务联合会理事、中国慈善联合会救灾委员会常务副主任委员、清华大学中国应急管理研究基地兼职研究员等。研究领域涉及应急管理、公共政策、志愿服务、非营利组织管理与社会创新等。先后主持及负责国家社科基金、科技部国家科技支撑计划项目等国家级重大、重点科研项目，发表 SCI/SSCI/CSSCI 论文数十篇，出版中英文学术著作多部。其中《危机管理——转型期中国面临的挑战》一书荣获第四届中国高校人文社会科学研究优秀成果奖管理学二等奖、第四届行政管理科学优秀成果一等奖。《关于汶川地震灾后恢复重建体制及若干问题的研究报告》获北京哲学社科优秀成果二等奖。

钟开斌　教授，中共中央党校（国家行政学院）应急管理教研部博士生导师，管理学博士，中国应急管理学会副秘书长。主要研究领域为应急管理、风险治理、公共政策。主持国家级课题 5 项，出版《应急管理十二讲》等专著 6 部，在 *Disasters*、*International Review of Administrative Sciences*、《公共管理学报》、《中国软科学》、《政治学研究》等期刊发表中英文学术论文

90 余篇。曾获中共中央党校（国家行政学院）科研创新优秀奖一等奖、教学创新优秀奖一等奖，所撰写著作被评为全国干部教育培训好教材。入选全国宣传思想文化青年英才。

陆奇斌 副教授，现任北京师范大学风险治理创新研究中心副主任、社会发展与公共政策学院副教授，联合国开发计划署与中国风险治理创新项目实验室副主任。博士毕业于清华大学经济管理学院，2008~2010 年在北京师范大学社会发展与公共政策学院从事博士后研究工作。主要研究方向是应急管理、易经思想、风险文化、组织行为等。主要著作有《灾害治理实证研究》、《社会组织稳态联盟的形成机制研究》、《中国公益金融创新案例集》、《社会责任投资实践指南》（译）、《巨灾与 NGO：全球视野下的挑战与应对》等。

摘　要

2020~2021 年这两年来，对中国乃至全世界来说都是极为不平凡的，各类风险事件频发，尤其是肆虐全球的新冠肺炎疫情严重危及了社会的稳定和全球发展进程，给各国的国家风险治理体系和治理能力带来了极大的考验。联合国《2015~2030 年仙台减少灾害风险框架》提出风险治理全社会参与模式，需要直面这一考验的不仅是各国政府部门，也涉及社区、学校等基层场域以及企业、社会组织等多元主体，还会涉及狭义层面的风险应对和应急管理系统、广泛的公共服务递送体系乃至深层的社会文化框架。为此，本书希望能够从社会治理的多元主体、风险治理的不同场域以及公共服务国际比较的视角来立体展现中国作为一个历史悠久的发展中大国在应对风险层面的时代性特征。

本书共包含九篇报告，第一篇为总报告，第二到第九篇从不同的角度，同时结合国际视角刻画中国风险治理的当前发展情况及对今后工作的展望。

本书总报告以影响全球的重大风险事件新冠肺炎疫情为切入点，总结我国在新冠肺炎疫情期间防范化解重大风险、统筹发展和安全的系列举措。从全球风险耦合复杂化的角度出发，总结全球面临的主要风险，以欧洲、非洲等地区为例，简介了国家和地区在面临风险时的应对策略。从国家和国际组织的角度，展示全球风险治理的重大进展，为政策制定者、公共管理实践者、研究者在高度不确定性的世界寻找确定性，以工作的确定性应对形势的不确定性，为努力在危机中育新机、于变局中开新局提供借鉴与启示。

本书第二到第九篇从社区、学校等基层场域及企业、社会组织等多元主

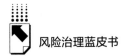
体的角度出发，以新冠肺炎疫情下不同主体的应对方式为例，论述当前不同主体风险治理的发展状况和未来展望。第二篇报告从韧性社区框架下的综合减灾示范社区和安全社区建设实践的现状展开分析，并给出未来社区风险治理的发展建议；第三篇报告通过对学校安全创新进行分析梳理，总结中国学校安全的创新发展并展望了未来的发展路径；第四篇报告总结社会组织参与新冠肺炎疫情风险治理情况及经验，并对今后社会组织参与风险治理进行趋势展望；第五篇报告通过梳理中国企业参与风险治理在不同发展阶段的具体表现和面临的问题，为企业参与风险治理提供更多开放性思路和可持续性路径；第六篇报告以新冠肺炎疫情下的应急物资保障为切入点，总结我国应急物资体系建设的经验和教训，为未来应对巨灾峰值需求提供启示；第七篇报告以基金会为代表的社会组织参与应急救援行动为案例，对基金会在我国风险治理中发挥的独特作用进行梳理、分析和反思，总结社会组织参与风险治理的价值和可提升空间；第八篇报告以"iwill 志愿者"的联合抗疫行动为例，讲述应急志愿服务在应急管理中参与人力供给、知识传递、服务递送和社会调节的情况，探索专业志愿者参与国家风险治理的新机制；第九篇报告通过分析新冠肺炎疫情下国际国内四种不同水平的社区公共服务供给和社区自治模式之间的差异，为实现不同情境下公共服务的可持续性、实现风险治理和应急管理的重要目标提供不同的国际案例借鉴。

关键词： 风险治理　灾害应对　新冠肺炎疫情　社会参与

Abstract

The past two years of frequent risk events have been eventful and unusual not only for China but also for the world. Particularly noteworthy is the global rampart COVID-19 outbreak which seriously jeopardizes the stability of society and the global development process and poses great challenges to the national risk management system and management capabilities of all countries. As indicated in the *Sendai Framework for Disaster Risk Reduction 2015-2030* published by the United Nations, all government departments, grassroots groups such as communities and schools, as well as bodies such as enterprises and social organizations of different nations, are faced with not only the test of the social participation model of risk governance, but also the risk response and emergency management system, extensive public service delivery system, and the even far-reaching social and cultural framework at the narrower level. Therefore, this book is expected to present the characteristics of the times in dealing with risks in China as a large developing country with a rich history from the perspective of multiple bodies of social governance, different fields of risk governance, and international comparison of public services.

The book consists of 9 parts, where Chapter 1 is the general report, Chapters 2 to 9 describe the current development of risk governance in China and its prospects for future work from different angles combining international perspectives.

Chapter 1 is the overall account of the content of this book. Starting with the significant risk of the COVID-19 outbreak spreading across the globe, this chapter summarizes the systematic measures to prevent and resolve major risks, as well as moves forward the overall development and safety during the pandemic. It includes

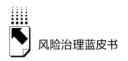

the main risks faced by the world from the perspective of global risk coupling and complexity, and briefly introduces the coping strategies of countries and regions in the face of risks, particularly in Africa, Europe, etc. From the perspective of countries and international organizations, this part, which presents the significant progress of global risk governance, provides reference and inspiration for policymakers, public management practitioners, and researchers to seek certainty in a highly uncertain world, engage the uncertainty of the situation with the certainty of work, and strives to cultivate new opportunities and make breakthroughs in the turbulent situation.

From the perspective of grassroots groups such as communities and schools, as well as bodies such as enterprises and social organizations, Chapters 2 to 9 discuss the current development of various principal risk governance and their future prospects based on their methods for coping with the COVID-19 outbreak, with each chapter elaborating on different relevant topics. Chapter 2 analyzes the status quo of the construction and practices involving demonstration communities for comprehensive disaster reduction and safe communities within the framework of a resilient community. It also provides some suggestions for the development of community risk management in the future. Chapter 3 analyzes and sorts the innovation of school security, and summarizes its directions of innovation and development in the future. Following that, Chapter 4 summarizes the situation and experiences derived from the involvement of social organizations in the COVID-19 risk management, and forecasts the trend of the engagement of social organizations in risk governance in the future. Chapter 5 offers more open ideas and sustainable ways for enterprises to participate in risk governance by elucidating the specific reflection and issues faced by Chinese enterprises at different stages of development. Starting with the emergency supplies support amid the COVID-19 outbreak, Chapter 6 summarizes the experience and lessons of construction of emergency supplies support system in China, and provides inspirations for coping with a peak demand of catastrophes in the future. Then, centered on the participation of social organizations represented by foundations in emergency rescue operations, Chapter 7 sorts out, analyzes, and reflects on the unique role of foundations in risk governance in China, and summarizes the value and room for improvement of social organizations engaging in the risk governance. Chapter 8 describes the participation of the emergency volunteer service in human supply, knowledge transmission, service delivery, and social regulation in emergency management, and explores the new mechanism for professional volunteers to take part in national risk governance according to "iwill Volunteer", an organization for joint anti-pandemic effort. Last but not least, analyzing the differences between four different levels of public service supply involved in the community and the autonomy mode of the community during the COVID-19 outbreak, Chapter 9 provides different international cases for reference to demonstrate the sustainability of public services in different situations and significant objectives of risk governance and emergency management.

Keywords: Risk Governance; Disaster Response; COVID-19; Social Participation

目 录 ↖

Ⅰ 总报告

Ⅱ 分报告

Ⅲ 案例报告

Ⅳ 附 录

皮书数据库阅读**使用指南**

CONTENTS ↰

I General Report

II Topical Reports

Ⅲ   Case Reports

Ⅳ   Appendices

总 报 告

General Report

B.1

2020~2021年中国风险治理发展报告

张 强 钟开斌 陆奇斌*

摘 要： 本文以影响全球的重大风险概览为切入点，在勾勒国际风险耦合复杂化的整体性背景基础上，重点围绕新型冠状病毒肺炎疫情（下文简称"新冠肺炎疫情"）和极端气候变化风险等当前涌现的重大风险场景，结合"十四五"国家应急体系规划，系统总结我国统筹发展和安全、防范化解重大风险面临的挑战和举措。2020~2021年，我国风险治理重点领域包括韧性社区建设、安全学校发展、社会力量参与、私营部门协同、应急物资保障等。本文拟为政策制定者、公共管理实践者、理论研究者推进风险治理、积极应对高度不确定性提供宏观性的视角。

* 张强，北京师范大学风险治理创新研究中心主任、社会发展与公共政策学院教授，博士生导师，研究方向为应急管理、公共政策、志愿服务、非营利组织管理与社会创新等；钟开斌，中共中央党校（国家行政学院）教授、应急管理教研部博士生导师，研究方向为应急管理、风险治理、公共政策；陆奇斌，北京师范大学风险治理创新研究中心副主任、社会发展与公共政策学院副教授，研究方向为应急管理、风险文化、组织行为等。

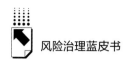

关键词： 风险治理　灾害应对　新冠肺炎疫情　极端气候变化

2020 年、2021 年是我国发展史上非常重要的两年。2020 年是全面建成小康社会和"十三五"规划的收官之年，是打好污染防治攻坚战的决胜之年，是保障"十四五"规划顺利起航的奠基之年。2021 年是"十四五"规划的开局之年，是全面建设社会主义现代化国家新征程的开启之年，是中国共产党成立 100 周年。2020~2021 年，我国风险治理工作持续推进，取得了重要成绩，也面临严峻挑战。

一　全球风险更加突出

随着高科技飞速发展和全球化发展，人类所建构的经济、社会、技术体系与自然运行之间的矛盾加剧，由此引发的气候变迁、网络安全、传染病、经济危机、政治冲突等风险源之间的交互效应也逐渐复杂化。全球各个国家和地区在风险治理领域的资源投入、管理工具、组织协同等方面开展了积极探索，并达成了一定的共识，即气候变化、领导力以及人群脆弱性的相互作用，将成为人类风险治理系统化的关键问题。

（一）全球风险形势概览

从全球来看，风险源耦合的复杂化成为当前突出的特征，对世界各国的经济发展、社会稳定性产生了深远的影响，自然环境、科技伦理、经济泡沫、债务危机、洲级冲突、地缘政治失衡、恐怖袭击等风险将是各国未来重点关注的风险治理领域（见图 1）。尤其是在新冠肺炎疫情冲击之下，全球都处于不确定性下的经济复苏和全球治理困顿中，不仅政治上民粹主义兴起、地区冲突加剧，而且经济上逆全球化有所抬头。一个突出的表现就是国际贸易和国际投资出现下降趋势。1998~2008 年，全球出口额的年均增长是10.4%；2009~2020 年，年均增长仅为1.5%，2020 年受疫情影响出口额下

□经济 ■环境 ■地缘 ■社会 ░技术   被调查者占比（%）

	传染病	58.0
	生计危机	55.1
	极端天气	52.7
当下存在的威胁	网络安全问题	39.0
短期风险	数字不平等	38.3
（0~2年）	经济长期停滞	38.3
	恐怖袭击	37.8
	青年理想幻灭	36.4
	社会凝聚力破坏	35.6
	人为造成的环境破坏	35.6
	资产泡沫破裂	53.3
	信息技术基础设施崩溃	53.3
	物价不稳定	52.9
	商品市场冲击	52.7
连锁反应	债务危机	52.3
中期风险	国家间关系破裂	50.7
（3~5年）	国家间冲突	49.5
	网络安全问题	49.0
	技术治理失效	48.1
	资源地缘政治化	47.9
	大规模杀伤性武器使用	62.7
	国家治理崩溃	51.8
	生物多样性丧失	51.2
未来可能存在	先进科技造成的负面影响	50.2
的威胁	自然资源危机	43.9
长期风险	社会保障体系崩溃	43.4
（5~10年）	多边主义崩溃	39.8
	行业内部崩溃	39.7
	环境保护措施失效	38.3
	对科学的反对	37.8

图1　全球风险概览

资料来源：World Economic Forum, "The Global Risks Report 2021"（16th Edition），https：//reports. weforum. org/global-risks-report-2021/？doing_wp_cron=1612032827. 83589410781860355156250, 2022年2月28日。

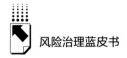
降了7.5%。从全球外商直接投资来看：1997~2007年的年均增长率为20.1%；2008~2020年的年均增长率是-3.8%，2020年外商直接投资额下降42.3%。①

在各种因素中，有几个方面备受世人关注。一是经济失衡。新冠肺炎疫情这场危机使得原有的社会矛盾更加凸显，贫富差距更大，加上西方国家的疫情政治化，导致种族歧视成为重大社会问题。二是数字鸿沟。新冠肺炎疫情促进了人类对信息技术的依赖，电子商务、在线教育和远程工作兴起，数字服务领域发展迅猛，这些领域虽然对疫情下的社会需要有所满足，但不可避免地加剧了不平等的风险，比如"数字信息不平等"。三是青年的发展挑战。全世界的年轻人正在经历环境退化、金融困顿、日益加剧的不平等和工业转型的破坏等一系列世纪性下行冲击，他们的教育、就业前景和心理健康都面临严峻挑战。四是气候风险。随着全球合作呈现下行态势，气候变化更加凸显了迫在眉睫的风险。尽管全球碳排放量有所下降，但仍然存在反弹的不确定性，因此"气候行动失败"是最具影响的长期风险。五是可持续发展驱动乏力。新冠肺炎疫情冲击下，各国可持续发展进程都乏善可陈，仅从亚太地区的数据来看，有数据测度的104项联合国可持续发展指标中仅有9项符合计划进程，大部分进度滞后，甚至在核心目标如气候行动、水下生物等方面还有所退步。② 新冠肺炎疫情造成的经济损失不可避免地扩大了地区间、大中小企业间的差距，降低了市场活力，加剧了不平等，使实现长期可持续发展更加困难。

（二）风险治理国际进展

1.非洲区域：投资于减灾③

撒哈拉以南非洲国家的灾害风险因素是多方面交织的，而且处在动态变

---

① 谢伏瞻：《准确把握"十四五"规划的几个重大问题》，2021年5月13日在第378期长安讲坛上的演讲。

② United Nations，"Asia and the Pacific SDG Progress Report 2020"，https：//www.unescap.org/sites/default/files/publications/ESCAP_ Asia_ and_ the_ Pacific_ SDG_ Progress_ Report_ 2020.pdf，最后访问日期：2022年2月28日。

③ UNDRR，"Disaster Risk Reduction Investments in Africa"，https：//www.undrr.org/media/46979/download，最后访问日期：2022年2月28日。

化中。在 2008~2018 年的 10 年间，44 个国家中有超过 1.57 亿人直接或间接受到灾害影响，主要是自然灾害和技术灾害。人口快速增长、城市化、非正规土地占用和贫困是整个非洲国家面临风险和脆弱性的主要原因。

非洲风险治理的经验表明，无论是直接方式还是间接方式，加大减轻灾害风险直接相关领域的预算拨款，对减少风险和提高抗灾能力至关重要。与此同时，相关部门提升对风险的认知水平，是减轻灾害风险的基础，也是可持续发展的必要前提。减轻灾害风险领域的投资，不但需要多元主体的协同，而且必须连贯一致，避免出现不必要的财政资源争夺。当然，做好灾害风险融资，需要针对风险管理的所有阶段开发一套风险融资的组合工具包。

2. 欧洲：绿色协议倡导①和四维度矩阵方法②

近年来，欧盟形成了进一步的共识：因气候变化而加剧的极端情况对欧洲人口和经济构成日益严重的威胁，并破坏人类的健康、福祉和可持续发展。减缓气候变化是长期减少这些风险的必要条件，公共和私人行为者应对气候变化的现有影响已经至关重要。为了实现这一目标，需要尽快将减少灾害风险和抗灾能力建设纳入决策和治理结构的核心。为此，欧盟正式出台《欧洲绿色协议》，拟以其作为"下一代欧盟"的支柱，在全球气候行动方面发挥引领示范作用。

在具体管理举措上，欧盟采用四维度矩阵指导减轻灾害风险的行动，具体为：灾害循环阶段（预防、准备、响应等）；领域（技术、社会、经济、政治等）；方法（研究、业务评估、行动等）；涉及的技术。在此基础上，再通过"我们什么时候行动"、"我们做什么"、"我们怎么做"和"我们使

---

① European Commission，https：//ec. europa. eu/info/strategy/priorities－2019－2024/european－green-deal_ en#documents，最后访问日期：2022 年 2 月 28 日。

② United Nations Office for Disaster Risk Reduction-Regional Office for Europe & Central Asia，Evolving Risk of Wildfires in Europe-Thematic Paper by the European Science & Technology Advisory Group（E-STAG），https：//www.undrr. org/publication/evolving－risk－wildfires－europe-thematic-paper-european-science-technology-advisory，最后访问日期：2022 年 2 月 28 日。

用什么工具"的组合就可以制定出适应于不同情况的行动路线。

3. 东盟：多元主体的协同①②

2020 年对于东南亚来说是艰难的一年，除了应对新冠肺炎（COVID-19）大流行外，东南亚还面临着由极端天气事件引起的几场灾难。正如菲律宾总统罗德里戈·杜特尔特（Rodrigo Duterte）在 2020 年 11 月 12 日第 37 届东盟峰会上的讲话中呼吁的，东盟会员国急需加强"减少灾害风险管理方面的合作，以加强国家和地区两级的能力"。在 2020 年结束之前，东盟通过了《东盟灾害管理和应急响应协议工作计划（2021～2025）》（AADMER），该计划旨在"通过促进政府整体和利益相关者的多元参与、能力建设、规模化创新、资源动员、加强伙伴关系和完善协调机制，来提升东盟整体的灾害风险管理能力"。

（三）相关的国际焦点问题

1. 气候问题：基于自然生态系统的解决方案③

气候变化是人类风险多发频发的重要引致性因素，也是风险治理不可回避的重要领域。例如，2019 年，全球登记的超过 1 平方公里的森林火灾超过 450 万起，90% 以上是人为造成的（或者是以发展和农业经营的名义故意造成的，或者是意外造成的）。森林砍伐增加了二氧化碳排放，加剧了气候变化和干旱，进而增加了火灾的风险，从而形成了一个恶性循环。因此，基

---

① ASEAN Secretariat, Agreement on Disaster Management and Emergency Response (AADMER) Work Programme 2021 - 2025, https：//asean. org/book/asean - agreement - on - disaster - management-and-emergency-response-aadmer-work-programme-2021-2025/，最后访问日期：2022 年 2 月 28 日。

② ASEAN and the UN, https：//asean. org/plan-of-action-to-implement-the-joint-declaration-on-comprehensive-partnership-between-asean-and-the-united-nations-2021-2025/#text = This%20Plan%20of%20Action%20is%20aimed%20at%20implementing, Summit%20on%202019%20November%202011%20in%20Bali%2C%20Indonesia，最后访问日期：2022 年 2 月 28 日。

③ United Nations Office for Disaster Risk Reduction (UNDRR), Ecosystem-Based Disaster Risk Reduction Implementing Nature-based Solutions for Resilience, https：//www. undrr. org/publication/ecosystem-based-disaster-risk-reduction-implementing-nature-based-solutions-0，最后访问日期：2022 年 2 月 28 日。

于生态系统的适应性干预，如生计机会创造、碳储存和生物多样性保护，不但在减贫方面提供了多种益处，而且也是对海堤等灰色适应措施的低成本解决方案。

2. 领导力问题：关注面向灾害韧性的地区领导力①

疫情在某种程度加剧了全球治理的困顿，引发了对于风险治理中领导力的高度关注，尤其是对全社会模式（A Whole of Society）的推进。这一进程中，特别需要关注的是，地方领导和地方行动应该得到国家政府、国际组织、民间社会组织、企业和学术界的认可和大力支持，它们也是韧性建设中的重要力量。国际和国家层面的行动者要关注并借鉴地方性组织的本土经验，将其纳入全球人道主义应对架构和全球减少灾害风险框架中。

3. 性别问题：日益重要的灾害管理议题②③

脆弱性群体一直是国际风险治理领域高度关注的议题。从全球统计数据来看，灾害风险冲击中，女性死亡率明显高于男性。实际上，灾害的性别影响与社会中的全面性别不平等有关。伦敦经济学院（London School of Economics）通过对 141 个国家的自然灾害进行的一项研究发现，当男女的经济和社会权利都得到满足时，死于灾害的男女人数是相同的。相反，当妇女没有与男子相同的社会和经济权利时，死于灾害的妇女多于男子，大多数国家都是如此。在新冠肺炎疫情的冲击下，这一问题更是凸显出来。由于结构性性别不平等，妇女受到灾害的影响尤其突出。本来妇女在体面就业和经济独立方面就面临持续的结构性挑战，在新冠肺炎大流行的影响下，她们的

① United Nations Office for Disaster Risk Reduction（UNDRR），Local Leadership for Disaster Resilience Profiles from Asia and the Pacific，https：//www.undrr.org/publication/local-leadership-disaster-resilience-profiles-asia-and-pacific，最后访问日期：2022 年 2 月 28 日。

② UNDP and OCHA. Gender，Disaster Management and the Private Sector：Mapping and Analysis of Existing Resources and Previous Interventions，https：//www.undp.org/content/dam/undp/library/km-qap/UNDP-OCHA-CBi-Gender-Disaster-Management-and-the-Private-Sector.pdf，最后访问日期：2022 年 2 月 28 日。

③ María Montoya-Aguirre，Eduardo Ortiz-Juarez and Aroa Santiago，Protecting Women's Livelihoods in Times of Pandemic：Temporary Basic Income and the Road to Gender Equality，https：//www.undp.org/publications/protecting-womens-livelihoods-times-pandemic-temporary-basic-income-and-road-gender，最后访问日期：2022 年 2 月 28 日。

生计更加脆弱。这种脆弱性在一定程度上是源于性别不平等制度，通过社会构建的性别规范将无酬照顾服务和家务劳动强加给妇女，使她们失去了有效的普遍保护制度。这一点也是国际社会需要在减灾和人道领域持续关注的重要议题。

二　新冠肺炎疫情全球肆虐

2020 年初，新冠肺炎疫情突如其来，在全球持续肆虐，造成重大人员伤亡和经济损失，严重危及社会安定、国家安全和世界安宁，构成对包括中国在内的世界各国风险治理能力的重大考验和集中检验。如何有力、有序、有效地防控新冠肺炎疫情，应对前所未有的多重冲击挑战，防范化解重大风险，推动经济社会持续发展，成为 2020~2021 年贯穿我国国家治理的一条主线。

（一）新冠肺炎疫情的全球挑战

突如其来的新冠肺炎疫情，无疑是 2020 年人类面临的最大的不确定性冲击。这场百年一遇的重大突发传染病疫情，很快从一起威胁人类身体健康和生命安全的突发公共卫生事件，升级为近百年来人类遭遇的影响范围最广的全球性大流行病，进而演化为一场对全球政治、经济、社会、文化都产生重大而深远影响的系统性风险。

截至 2021 年 12 月 31 日 24 时，据中国 31 个省（自治区、直辖市）和新疆生产建设兵团报告，仍有确诊病例 2886 例（其中重症病例 15 例），累计治愈出院病例 94792 例，累计死亡病例 4636 例，累计报告确诊病例 102314 例，有疑似病例 1 例，累计追踪到密切接触者 1423756 人，尚在医学观察的密切接触者 43874 人。[①] 在两年时间里，全球累计确诊病例数呈加

---

① 《截至 12 月 31 日 24 时新型冠状病毒肺炎疫情最新情况》，国家卫生健康委员会网站，2022年 1 月 1 日，http：//www. nhc. gov. cn/xcs/yqtb/202201/64fae96558284e548f31f67bb541b8f2. shtml，最后访问日期：2022 年 2 月 26 日。

速增长趋势：从疫情开始到 1000 万例用时超过半年；从 1000 万例到 2000 万例用时 43 天；2020 年 11 月 9 日，全球新冠肺炎累计确诊病例超过 5000 万例；从 9000 万例到 1 亿例仅用时 16 天。根据 Worldometer 网站的实时统计数据，截至北京时间 2022 年 1 月 1 日 6 时 30 分，全球累计确诊新冠肺炎病例 288228816 例，累计死亡病例 5451594 例，全球单日新增确诊病例 1612719 例，新增死亡病例 6751 例。数据显示，美国、法国、英国、意大利、希腊是新增确诊病例数最多的 5 个国家，美国、俄罗斯、波兰、德国、越南是新增死亡病例数最多的 5 个国家。①

突如其来的新冠肺炎疫情，对中国和全球都构成重大风险。习近平总书记指出："新冠肺炎疫情是百年来全球发生的最严重的传染病大流行，是新中国成立以来我国遭遇的传播速度最快、感染范围最广、防控难度最大的重大突发公共卫生事件。"② 我国国务院新闻办公室 2020 年 6 月发布的《抗击新冠肺炎疫情的中国行动》白皮书指出："新型冠状病毒肺炎是近百年来人类遭遇的影响范围最广的全球性大流行病，对全世界是一次严重危机和严峻考验。人类生命安全和健康面临重大威胁。""这是一场全人类与病毒的战争。"③ 英国《经济学人》（*The Economist*）和美国《纽约客》（*The New Yorker*），不约而同地把 2020 年称为"瘟疫之年"（The plague year）。④《经济学人》的文章写道："遭受 COVID-19 困扰的人数之庞大、疫情揭示出的不公正和危险以及对创新的承诺都意味着 2020 年将被铭记为一切改变的一年。"⑤

---

① 《数读 12 月 31 日全球疫情：全球日增确诊超 161 万例累计超 2.8 亿例美国 7 日平均日增确诊现新高》，海外网，2022 年 1 月 1 日，http://news.haiwainet.cn/n/2022/0101/c3541093-32308114.html，最后访问日期：2022 年 2 月 28 日。

② 习近平：《在全国抗击新冠肺炎疫情表彰大会上的讲话》，《求是》2020 年第 20 期。

③ 国务院新闻办公室：《抗击新冠肺炎疫情的中国行动》（2020 年 6 月），人民出版社，2020，第 1 页。

④ Lawrence Wright, "The Plague Year-the Mistakes and Struggles Behind an American Tragedy", *The New Yorker*（December 28, 2020），最后访问日期：2022 年 2 月 28 日。

⑤ "The Plague Year-This will Be Remembered as A Moment When Everything Changed", *The Economist*（December 19, 2020），pp. 15-16，最后访问日期：2022 年 2 月 28 日。

全球化时代，病毒无国界。新冠肺炎疫情造成的危害是长久而全方位的，在严重威胁人类的生命安全和身体健康、给全球经济造成极大冲击的同时，它也在深刻地改变世界政治经济格局，加速国际关系和国际秩序演变，影响人类社会的未来发展。联合国秘书长古特雷斯（António Guterres）表示，突如其来的新冠肺炎疫情正在威胁国际和平与安全，世界正进入一个动荡不安的新阶段。[1] 时年 92 岁高龄的美国语言学家和语言哲学家艾弗拉姆·乔姆斯基（Avram N. Chomsky）2020 年终接受媒体采访，在发出感慨的同时不忘给人类提出警示："2020 年黑夜最长的一天总算过去；不过，媒体应该都将末日时钟（doomsday clock）放在首页，警示人们世界末日就在不远的拐角。"[2]《纽约时报》专栏作家托马斯·弗里德曼（Thomas Friedman）甚至认为：我们习惯用公元前（B. C.）和公元后（A. C.）划分人类历史；新冠肺炎疫情发生后，世界格局将重新"排列组合"，划分为 BC（Before Coronavirus，前疫情时代）和 AC（After Coronavirus，后疫情时代）两个不同的时代。[3]

（二）新冠肺炎疫情对中国的严重冲击

新冠肺炎疫情是对我国国家治理体系和能力的一次重大考验，是对我国防范化解重大风险能力的一次集中检验，对我国经济社会发展造成了极其广泛而深刻的影响。2020 年是我国全面建成小康社会和"十三五"规划的收官之年，是脱贫攻坚战的达标之年，也是"两个一百年"奋斗目标的历史交汇期。突如其来的新冠肺炎疫情，是在特殊时间节点发生的一次重大冲击，对我国经济社会运行秩序造成了重大影响，对国家治理的多个领域提出了严峻挑战。

---

[1] 《共同应对新冠肺炎疫情造成的安全威胁》，《人民日报》2020 年 9 月 4 日，第 16 版。

[2] 王磬：《记者手记丨"美国良心"乔姆斯基》，界面新闻，2020 年 12 月 31 日，https://www.jiemian.com/article/5480024.html，最后访问日期：2022 年 2 月 26 日。

[3] Thomas Friedman, "Our New Historical Divide: B. C. and A. C. — the World Before Corona and the World After", *New York Times* (March 17, 2020)，最后访问日期：2022 年 2 月 28 日.

　　《中国-世界卫生组织新型冠状病毒肺炎（COVID-19）联合考察报告》将中国此次突袭而至的新冠肺炎疫情的发生发展过程，分为流行初期（2019年12月初至2019年12月31日）、快速上升期（2020年1月1日至1月19日）、流行高峰期（2020年1月20日至2月7日）、下降期（2020年2月8日~2020年2月20日）、流行后期（2020年2月21日之后）5个阶段。

　　截至2020年12月31日24时，全国31个省（自治区、直辖市）和新疆生产建设兵团以及香港、澳门、台湾地区累计报告（通报）确诊病例96762例，累计治愈90597例，总体治愈率为93.63%，累计死亡病例4798例，粗病死率为4.96%。从病例报告时间来看，77.9%（75373/96762）的病例集中在2020年1月20日至2月20日；从病例报告的地区分布来看，70.4%（68149/96762）的病例集中在湖北省。

　　新冠肺炎病毒是迄今为止人类发现的第7种可以感染人类的冠状病毒①。在疫情突发初期，人类对新冠肺炎病毒的认识存在很大的局限性。同时，新冠肺炎病毒和以往所有病毒在生物学活性、临床表现以及对治疗的反应等方面非常不同。病毒不按常理出牌，导致疫情突发初期我们在防控上、救治上都存在很大困难。对此，2020年2月29日发布的《中国-世界卫生组织新型冠状病毒肺炎（COVID-19）联合考察报告》指出："与所有新疾病一样，疫情发生至今仅7周，关键的知识局限仍然存在。"报告列出了若干未知的关键领域，包括传染源、病毒的致病机理和毒性、传染性、感染和疾病进展的风险因素、监测、诊断、重症和危重病人的临床管理以及预防和控制措施的有效性。报告强调："及时填补这些知识局限对于完善和加强控制策略至关重要。"②

---

① 《高福院士：此次新型冠状病毒是目前已知的第7种冠状病毒》，人民网，2020年1月21日，health. people. com. cn/n1/2020/012/c14739-31558924. html，最后访问日期：2022年5月16日。

② 《中国-世界卫生组织新型冠状病毒肺炎（COVID-19）联合考察报告》，国家卫生健康委员会网站，2020年2月29日，http://www. nhc. gov. cn/xcs/fkdt/202002/87fd92510d094e4b9bad597608f5cc2c/files/fa3ab9461d0540c294b9982ac22af64d. pdf，最后访问日期：2022年2月26日。

王绍光研究指出："新冠肺炎在发生之初，绝不是'黑天鹅'事件；中国政府在疫情初期的应对，比应对'黑天鹅'事件要困难得多，因为它属于'深度不确定条件下的决策'（decision-making under deep uncertainty，简称 DMDU）。"①

（三）坚决打赢疫情防控人民战争、总体战、阻击战

中国抗击新冠肺炎疫情的艰辛历程，先后分为五个阶段：迅即应对突发疫情（2019 年 12 月 27 日至 2020 年 1 月 19 日）；初步遏制疫情蔓延势头（1 月 20 日至 2 月 20 日）；本土新增病例数逐步下降至个位数（2 月 21 日至 3 月 17 日）；取得武汉保卫战、湖北保卫战决定性成果（3 月 18 日至 4 月 28 日）；全国疫情防控进入常态化（4 月 29 日以来）。"经过艰苦卓绝的努力，中国付出巨大代价和牺牲，有力扭转了疫情局势，用一个多月的时间初步遏制了疫情蔓延势头，用两个月左右的时间将本土每日新增病例控制在个位数以内，用 3 个月左右的时间取得了武汉保卫战、湖北保卫战的决定性成果，疫情防控阻击战取得重大战略成果，维护了人民生命安全和身体健康，为维护地区和世界公共卫生安全作出了重要贡献。"②

2020 年 1 月 20 日，习近平总书记做出指示，强调要把人民生命安全和身体健康放在第一位，坚决遏制疫情蔓延势头。③ 当日，新冠肺炎被纳入乙类传染病，采取甲类传染病管理措施，同时纳入《中华人民共和国国境卫生检疫法》规定的检疫传染病管理。同日，国务院联防联控机制召开电视电话会议，全面部署疫情防控工作。1 月 23 日凌晨 2 时许，武汉市疫情防控指挥部发布 1 号通告，1 月 23 日 10 时起机场、火车站离汉通道暂时关闭。交通运输部发出紧急通知，全国暂停进入武汉市的道路水路客运班线发班。国家卫生健康委员会等 6 部门发布《关于严格预防通过

---

① 王绍光：《深度不确定条件下的决策——以新冠肺炎疫情为例》，《东方学刊》2020 年第 2 期，第 1~7 页。

② 国务院新闻办公室：《抗击新冠肺炎疫情的中国行动》（2020 年 6 月），人民出版社，2020，第 3 页。

③ 《要把人民群众生命安全和身体健康放在第一位 坚决遏制疫情蔓延势头》，《人民日报》2020 年 1 月 21 日，第 1 版。

交通工具传播新型冠状病毒感染的肺炎的通知》。1月24日开始，从各地和军队调集346支国家医疗队、4.26万名医务人员和965名公共卫生人员驰援湖北省和武汉市。

1月25日（农历正月初一），习近平总书记主持召开中央政治局常委会会议，专门听取疫情防控工作汇报。会议明确提出"坚定信心、同舟共济、科学防治、精准施策"总要求，强调坚决打赢疫情防控阻击战；指出湖北省要把疫情防控工作作为当前头等大事，采取更严格的措施，内防扩散、外防输出；强调要按照集中患者、集中专家、集中资源、集中救治"四集中"原则，将重症病例集中到综合力量强的定点医疗机构进行救治，及时收治所有确诊病人。会议决定，中央成立应对疫情工作领导小组，在中央政治局常委会领导下开展工作；中央向湖北等疫情严重地区派出指导组，推动有关地方全面加强防控一线工作。① 一场疫情防控的人民战争、总体战、阻击战全面拉开帷幕。

在这场同严重疫情的殊死较量中，中国人民和中华民族以敢于斗争、敢于胜利的大无畏气概，铸就了生命至上、举国同心、舍生忘死、尊重科学、命运与共的伟大抗疫精神。在艰辛的抗疫历程中，党中央始终坚持人民至上、生命至上，习近平总书记亲自指挥、亲自部署，各方面持续努力，不断巩固防控成果。中国针对疫情形势变化，及时调整防控策略，健全常态化防控机制，最大限度保护了人民生命安全和身体健康，为恢复生产生活秩序创造必要条件。中国全面做好外防输入、内防反弹工作，坚持常态化精准防控和局部应急处置有机结合，有效处置局部地区聚集性疫情。面对疫情在全球多点暴发，中国呼吁各方以人类安全健康为重，秉持人类命运共同体理念，携手加强国际抗疫合作，得到国际社会广泛认同和响应。

2020年，中国经济遇到世纪罕见的三重严重冲击：一是百年不遇的新冠肺炎疫情突袭而至，二是世界经济陷入第二次世界大战结束以来最严重的衰

---

① 《中共中央政治局常务委员会召开会议 研究新型冠状病毒感染的肺炎疫情防控工作》，《人民日报》2020年1月26日，第1版。

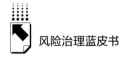

退，三是一些国家遏制打压全面升级，外部环境带来巨大挑战。在疫情防控工作取得重大战略成效的同时，中国统筹推进疫情防控和经济社会发展，加紧恢复生产生活秩序，成为疫情发生以来全球第一个恢复增长的主要经济体。同时，脱贫攻坚战取得全面胜利，决胜全面建成小康社会取得决定性成就，交出一份人民满意、世界瞩目、可以载入史册的答卷。全年发展主要目标任务较好完成，我国改革开放和社会主义现代化建设取得新的重大进展。

三 应对气候变化任务紧迫

2020~2021 年，包括我国在内的世界各国正处在全球疫情依旧肆虐的背景之下，全球受极端天气影响发生的灾害事件较多，且自然灾害形势严峻，时间持久，破坏性强，复合型灾害影响和损失不断加重。河南郑州"7·20"特大暴雨灾害凸显气候变化引致风险的应对工作中还面临着一系列的挑战。

（一）极端天气引起自然灾害多发

国际上明确的共识是气候变化正在全球性发生，到 2030 年全球变暖可能导致升温 1.5℃，这一提前到来的趋势会引发更为严重的热浪以及频发的洪水和干旱侵袭。[①] 据世界经济论坛发布的《全球风险报告（2021 年）》统计，仅 2021 年，自然灾害给全球造成的损失为 2800 亿美元[②]，相应的是 2021 年国际减灾日主题也明确为"构建灾害风险适应性和抗灾力"[③]。无疑，应对极端气候变化带来的灾害风险已经成为全球当前重要主题。

[①] https：//www. undrr. org/publication/policy-brief-disaster-risk-reduction-and-climate-change，最后访问日期：2022 年 2 月 26 日。

[②] https：//www. munichre. com/en/company/media-relations/media-information-and-corporate-news/media-information/2022/natural-disaster-losses-2021. html，最后访问日期：2022 年 2 月 24 日。

[③] https：//iddrr. undrr. org/publication/2021-international-day-disaster-risk-reduction-sendai-seven-targets-campaign，最后访问日期：2022 年 2 月 26 日。

在这一宏观趋势中，从我国具体情况来看，近年来也呈现相同的特点。虽然在总体统计上，与应急管理部此前公布的数据相比，2021年全国自然灾害受灾人数下降28%，因灾死亡失踪人数下降10.4%，直接经济损失下降了5.5%①，但我国极端天气引起的自然灾害事件多发，灾害形势复杂严峻，以洪涝、风雹、干旱、台风、地震、地质灾害、低温冷冻和雪灾为主，沙尘暴、森林草原火灾和海洋灾害等也有不同程度的发生。② 其中极端气候引致的洪涝灾害已经成为造成人员和财产最大损失的灾种（见图2）。根据2020年中国水利部数据，2020年洪涝灾害造成6346万人次受灾，直接经济损失达1789.6亿元，较前5年均值分别增加12.7%和15.5%。在2020~2021年，2021年下半年灾情总体偏重，暴雨洪涝灾害多发。河南、四川、山西、河北、湖北、陕西等地相继遭受严重暴雨洪涝灾害，华北、东北极端寒潮引发低温雨雪冰冻灾害。2021年下半年因灾死亡失踪人数、倒塌房屋数量和直接经济损失分别占全年总损失的82%、92%和88%。③ 其中仅7月河南郑州、新乡、鹤壁等多地遭受历史罕见特大暴雨引发的洪涝灾害，灾害造成全省16市150个县（市、区）1478.6万人受灾，因灾死亡失踪398人，紧急转移安置149万人；倒塌房屋3.9万间，严重损坏17.1万间，一般损坏61.6万间；农作物受灾面积达873.5千公顷；直接经济损失达1200.6亿元④。

---

① 《应急管理部发布2021年全国自然灾害基本情况》，中华人民共和国应急管理部官网，2022年1月23日，https：//www. mem. gov. cn/xw/yjglbgzdt/202201/t20220123_ 407204. shtml，最后访问日期：2022年2月16日。

② 《应急管理部发布2021年全国自然灾害基本情况》，中华人民共和国应急管理部官网，2022年1月23日，https：//www. mem. gov. cn/ xw/yjglbgzdt/202201/t20220123_ 407204. shtml，最后访问时间：2022年2月16日。

③ 《应急管理部发布2021年全国自然灾害基本情况》，中华人民共和国应急管理部官网，2022年1月23日，https：//www. mem. gov. cn/xw/yjglbgzdt/202201/t20220123_ 407204. shtml，最后访问日期：2022年2月16日。

④ 《国新办 举行防范化解灾害风险 筑牢安全发展基础发布会图文实录》，中华人民共和国国务院新闻办公室网站，2021年5月7日，http：//www. scio. gov. cn/xwfbh/xwbfbh/wqfbh/44687/45445/wz45447/Document/1703410/1703410. htm，最后访问日期：2022年2月16日。

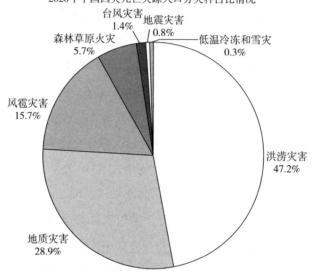

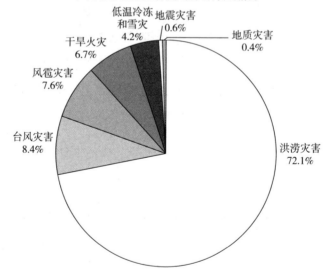

图2 2020年中国因灾死亡失踪人口、直接经济损失分灾种占比情况

资料来源：应急管理部－教育部减灾与应急管理研究院、应急管理部国家减灾中心、红十字会与红新月会国际联合会《2020年全球自然灾害评估报告》。

（二）河南郑州"7·20"特大暴雨灾害

河南郑州"7·20"特大暴雨灾害过程之长、范围之广、强度之大为历史罕见，从这一典型气候变化事件的应对过程中，我们不难发现在气候变化引致风险的应对工作中还面临着一系列的挑战。

一是统筹发展与安全理念贯彻不足，缺乏不确定性风险应对机制。党的十九届五中全会审议通过的《中共中央关于制定国民经济和社会发展第十四个五年规划和二〇三五年远景目标的建议》注重处理好发展与安全的关系，就统筹发展和安全、建设更高水平的平安中国提出要求。然而此次灾害暴露出长期以来城市发展理念存在偏差，重发展、轻安全，"重面子、轻里子"。安全理念贯彻不足，缺乏应对大灾、巨灾风险的准备，常常出现城市事故频发、乡村基本不设防等问题。以郑州市地铁建设为例，自2013年以来郑州建设运营地铁线路共7条，运营线路总长206.3公里，还有8条线路在建。大干快上的基础设施工程建设缺乏巨灾情景构建、有效的生命底线防护措施以及与巨灾风险冲击相匹配的运营熔断机制。与此同时，在巨灾应急处置方面各级政府往往有应急预案但缺乏具体操作手册，导致出现不少有悖规范的举措，如仓库露天选址、工作面设计不足、进出货缺乏流程等问题。

二是气候极端变化带来灾害风险分布不确定，巨灾应对学习机制有待加强。我国自2021年4月1日入汛以来，气候复杂多变，极端天气气候事件频发。此次对河南造成重大冲击的降水则呈现降雨过程长、累积量大、持续时间长、强降雨范围广、降雨极端性强、不确定性高的特点，河南共有15个市县降水量突破历史极值。在气候极端变化引致地区灾害风险特征变化的情况下，各地政府对于其他地区以及历史上的巨灾应对经验的学习借鉴至关重要。"7·21"北京特大暴雨、2018年寿光洪灾以及我国历次对台风等极端天气的应对都对国家和各受灾区的应急管理能力提升起到了重要的作用，然而其他地区尤其是同类灾害历史低风险地区缺乏对此的学习意识和学习机制，这无疑增加了地方应对巨灾的成本。

三是关键性基础设施受损严重，抗巨灾能力急需建设。以河南持续性暴

雨为例，灾害对关键性基础设施冲击严重。一方面，供电系统和通信网络系统受损严重，尽管应急救援队伍可依靠窄带 PDT 集群、Mesh 和 Ku 卫星等专网通信，但群众对外求救依赖的手机和公网无以为继，给应急救援和救助带来了极大的挑战。另一方面，持续性的暴雨天气也给地方医疗基础设施带来了极大甚至是毁灭性的打击。受灾较为严重的郑州大学第一附属医院和阜外华中心血管病医院均处于地势低洼地带，持续性的强降雨天气导致受灾医院积水严重，储备于地下一层的大量医用检测设备和电力设备受损严重，不得不迅速转移 11050 名重症、轻症患者。

四是社会各界参与踊跃，但缺乏巨灾应对的顶层设计。在"7·20"特大暴雨灾害发生后，群众慈善捐赠热情高涨，截至 7 月 25 日 17 时，仅河南省慈善总会在本次洪灾中接收社会各界爱心捐赠超过 29.7 亿元，创造了河南慈善历史的新纪录。截至 7 月 23 日，通过指挥部社会组织与志愿者协调中心报备的基金会、社会组织和社会救援队就有 296 家。由于灾情的社会影响应急评估机制、应急期慈善资源使用协同办法尚未完全建立，因而捐赠不能充分体现以需求为导向，不但影响慈善资源使用效率，也容易引发公共舆论的震荡。与此同时，应急管理部门第一时间建立了社会组织和志愿者协调中心，志愿服务管理部门也建立了志愿服务协同平台，但当时推进社会应急力量发展的相关意见尚未出台，部门间协作缺乏顶层设计，两方面都分头组织社会救援队和应急志愿服务组织开展应急救援等工作，社会救援队通常开展的应急救援、卫生消杀等功能在不同部门间缺乏衔接，现场协调平台尚未统一，制度化交流协同有待加强。

五是公众对灾害的认知能力和自我防范能力亟待提升。近年来我国大力加强公众安全教育，采取推进应急安全宣传教育进企业、进农村、进社区、进学校、进家庭等重要举措，但教育内容较为简单、形式过于单一、效果不甚凸显，民众单灾种的防范意识和能力以及多灾种间学习迁移能力都亟待提升。此次灾害甚为典型，超标准暴雨侵袭下的很多民众缺乏灾害经历及对风险的认知，气象部门红色预警的发布、持续性降水带来的水势迅速上涨也未能及时唤醒公众的风险防范意识和应对行为，人们不仅没有及时采取避险行为，甚至在救援人员施救时还拒绝转移。

当前，极端天气频发逐渐常态化，为切实吸取本次洪灾经验教训，国家相关部门已经明确要把极端天气应对、自然灾害防治融入城市发展有关重大规划、重大工程、重大战略，完善防洪排涝标准和医院、地铁等公共服务设施的抗灾设防标准，实现城市防灾减灾能力同经济社会发展相适应。不仅要深入开展自然灾害综合风险普查，将重大风险隐患整治列入"十四五"规划，还要实行洪涝"联排联调"，防范系统性风险。[①]

与此同时，我们还需要在城市发展的风险治理格局中做好科学谋划，大力推进韧性城市建设。全面构建韧性的城市和社区已经成为当前全球灾害风险治理中的共识，也是我国城市建设中的倡导方向。不仅要在硬件上提高关键性基础设施设防标准，创新城市应急管理技术，还要在软件上优化机制，推动企业、社会组织、志愿者等多元主体的有序、有力、有效参与，更要在文化层面加强安全文化氛围营造，推进全民防灾减灾的意识教育并加强培训演练，从而提高个体灾害韧性。当然正如对于疫情应对的全球经验总结一样，应对气候变化很重要的是夯实基础研究，加大针对极端气候变化下的灾害风险研究。国家和地方要协同建立专门的气候极端变化下巨灾风险研究机构，系统性、持续性搜集近年来北方地区洪涝灾害资料，研究极端气候变化下的洪涝及其他类型巨灾形成规律、可能次生灾害、经济社会冲击及全流程管理等关键性问题。在此基础上，依托该类研究机构，开展本土化的灾害应对人才教育和能力培训，切实提升极端气候变化下各地应对巨灾风险的能力。

四　中国风险治理的其他特点

2020~2021年，我国风险治理的实践还在社区风险治理、安全校园建设、社会力量和企业参与、应急物资管理等方面表现出一些新的特点。

[①] 《河南郑州"7·20"特大暴雨灾害调查报告》，中华人民共和国应急管理部官网，2022年1月21日，https://www.mem.gov.cn/gk/sgcc/tbzdsgdcbg/202201/P020220121639049697767.pdf，最后访问日期：2022年2月26日。

（一）韧性社区理论推动我国社区风险治理

2020年是我国社区风险治理具有标志性的一年，随着新冠肺炎疫情的肆虐，社区作为外防输入、内防扩散的第一现场，被验证是风险治理最有效的防线，是社会治理的基础支撑。我国社区风险治理取得了长足进步，主要表现为：在理论层面，我国采用的基于韧性的社区风险治理理论视角，与国际社会提出的提升社区治理水平和抗风险能力的发展理念一致；在实践层面，围绕社区韧性的概念框架，从组织结构与管理、物理空间、文化与环境、信息沟通等维度，推动了国内综合减灾示范社区和安全社区的建设实践。

（二）安全学校建设立足于创新发展

高质量的教育要建立在为学生提供安全无障碍的学习环境的基础之上。我国采用创新的手段，推动中小学安全学校的建设工作。主要表现为：中国的学校非常重视学校环境与硬件的安全检查，形成了定期检查与安全检查相结合、校内人员检查与校外人员检查相结合的安全检查体系；关口前移，强化学校备灾工作，比如，中小学幼儿园制度化的应急疏散演练，对于提高教师和学生的安全意识和应急避险能力、培养学生的安全素养，起到了积极的作用；风险减轻和韧性教育进校园，各级各类学校普遍都将安全教育作为学校教育当中非常重要的一个组成部分。

（三）社会力量成为中国风险治理体系的重要组成部分

2003年"非典"疫情之后，我国逐步建立起以"一案三制"为核心内容的国家应急管理体系，明确了社会力量（包括以基金会、草根组织为代表的社会组织、志愿者等）在公共突发事件救援救助中的地位，社会组织开始不同程度地参与风险治理。2018年应急管理部成立以来，社会组织参与风险治理已经成为我国应急管理体制系统建设的重要部分。

（四）企业参与风险治理具有独特的优势

参与风险治理是企业社会责任的一部分，中国企业不仅是风险治理中不可忽视的力量，同时也具有独特的优势。在 2020 年抗击新冠肺炎疫情的过程中，不少企业除了常规性的捐款捐物外，还将企业的核心市场竞争能力迁移到风险治理中来，其创新的产品和专业技术极大地提升了风险治理的效果。

（五）破解应急物资保障的"峰值需求"难题

应急物资保障是国家应急管理体系的重要组成部分，我国具有较强的应急物资统一管理与紧急调配能力，通过分析新冠肺炎疫情了解我国应急物资保障的峰值需求挑战，在日常储备管理、生产调用、紧急采购、社会物资捐赠管理等方面进一步完善我国应急管理保障体系。

五　中国风险治理新发展前瞻

党的十九大报告把防范化解重大风险摆在三大攻坚战之首，强调"更加自觉地防范各种风险，坚决战胜一切在政治、经济、文化、社会等领域和自然界出现的困难和挑战"。[①] 党的十九届五中全会提出，全面建成小康社会、实现第一个百年奋斗目标之后，我们要乘势而上开启全面建设社会主义现代化国家新征程、向第二个百年奋斗目标进军，这标志着我国进入了一个新发展阶段。进入新征程，面对各种可以预料和难以预料的风险挑战，必须更好地统筹发展和安全，有力有序有效地防范化解各种重大冲击，确保经济持续健康发展和社会大局稳定。

---

① 《决胜全面建成小康社会　夺取新时代中国特色社会主义伟大胜利——在中国共产党第十九次全国代表大会上的报告》，人民出版社，2017，第 15 页。

（一）在统筹发展和安全中谋划风险治理工作

发展和安全是国家治理的两大重要任务。党的十八大以来，以习近平同志为核心的党中央提出了统筹发展和安全的创新理论，强调要坚持发展和安全并重，防范和化解影响我国现代化进程的各种风险，实现高质量发展和高水平安全动态平衡、良性互动、相互促进。统筹发展和安全理论以办好发展和安全两件大事为基本内涵、以相互交织的风险综合体为指涉对象、以坚持总体国家安全观为思想统领、以做好思想和工作两大准备为实践要求。[①]

2020~2021年，面对多重不确定性冲击叠加来袭，统筹发展和安全两件大事、做好思想和工作两大准备进一步成为中国共产党治国理政的基本原则和重要内容。"织密织牢开放安全网""把安全发展贯穿国家发展各领域和全过程""把国家发展建立在更加安全、更为可靠的基础之上"，成为反复出现的官方重要表述；把安全同发展一起谋划、一起部署，成为中央不断强调的重大战略要求。

突如其来的新冠肺炎疫情，凸显统筹发展和安全、防范化解重大风险的极端重要性和紧迫性。2020年4月8日，习近平总书记在主持召开的中央政治局常委会会议上强调："面对严峻复杂的国际疫情和世界经济形势，我们要坚持底线思维，做好较长时间应对外部环境变化的思想准备和工作准备。凡事从坏处准备，努力争取最好的结果，这样才能有备无患、遇事不慌，牢牢把握主动权。"[②] 开启全面建设社会主义现代化国家新征程，对进一步统筹发展和安全两件大事、做好思想和工作两大准备，提出了新的更高的要求。党的十九届五中全会审议通过的《中共中央关于制定国民经济和社会发展第十四个五年规划和二〇三五年远景目标的建议》，将"统筹发展和安全"列为"十四五"时期我国经济社会发展指导思想的重要内容，强

---

① 钟开斌：《统筹发展和安全：理论框架与核心思想》，《行政管理改革》2021年第7期，第59~67页。
② 《分析国内外新冠肺炎疫情防控和经济运行形势 研究部署落实常态化疫情防控举措全面推进复工复产工作》，《人民日报》2020年4月9日，第1版。

调"统筹国内国际两个大局,办好发展安全两件大事","注重防范化解重大风险挑战,实现发展质量、结构、规模、速度、效益、安全相统一"。建议稿还设置专章对"统筹发展和安全,建设更高水平的平安中国"做出部署,强调"把安全发展贯穿国家发展各领域和全过程,防范和化解影响我国现代化进程的各种风险"。① 12 月 11 日,习近平总书记在主持十九届中央政治局就切实做好国家安全工作举行的第 26 次集体学习时,再次就统筹发展和安全提出明确要求:"坚持发展和安全并重,实现高质量发展和高水平安全的良性互动,既通过发展提升国家安全实力,又深入推进国家安全思路、体制、手段创新,营造有利于经济社会发展的安全环境,在发展中更多考虑安全因素,努力实现发展和安全的动态平衡。"②

2021 年 7 月 1 日,习近平总书记在庆祝中国共产党成立 100 周年大会上指出:"新的征程上,我们必须增强忧患意识、始终居安思危,贯彻总体国家安全观,统筹发展和安全,统筹中华民族伟大复兴战略全局和世界百年未有之大变局,深刻认识我国社会主要矛盾变化带来的新特征新要求,深刻认识错综复杂的国际环境带来的新矛盾新挑战,敢于斗争,善于斗争,逢山开道、遇水架桥,勇于战胜一切风险挑战。"③ 党的十九届六中全会审议通过的《中共中央关于党的百年奋斗重大成就和历史经验的决议》指出:"进入新时代,我国面临更为严峻的国家安全形势,外部压力前所未有,传统安全威胁和非传统安全威胁相互交织,'黑天鹅'、'灰犀牛'事件时有发生。同形势任务要求相比,我国维护国家安全能力不足,应对各种重大风险能力不强,维护国家安全的统筹协调机制不健全。"④

---

① 《中国共产党第十九届中央委员会第五次全体会议文件汇编》,人民出版社,2020,第 26、61 页。
② 《坚持系统思维构建大安全格局　为建设社会主义现代化国家提供坚强保障》,《人民日报》2020 年 12 月 13 日,第 1 版。
③ 习近平:《在庆祝中国共产党成立 100 周年大会上的讲话》,人民出版社,2021,第 17~18 页。
④ 《中共中央关于党的百年奋斗重大成就和历史经验的决议》,《人民日报》2021 年 11 月 17 日,第 1 版。

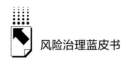

（二）做好"十四五"时期风险治理工作

我国《国民经济和社会发展第十四个五年规划和 2035 年远景目标纲要》强调："坚持总体国家安全观，实施国家安全战略，维护和塑造国家安全，统筹传统安全和非传统安全，把安全发展贯穿国家发展各领域和全过程，防范和化解影响我国现代化进程的各种风险，筑牢国家安全屏障。"①"十四五"时期，我国发展仍然处于重要战略机遇期，也是应急管理体系和能力现代化的重大机遇期。以习近平同志为核心的党中央着眼发展全局，坚持以人民为中心的发展思想，统筹发展和安全，对完善国家应急管理体系等做出全面部署。

当前，在党中央、国务院的领导和各部门、各地的支持下，全国第一次自然灾害综合风险普查试点工作取得了积极进展，试点范围内的调查工作体制机制、数据调查与汇集、灾害风险评估与区划等项工作都有了一些可圈可点的创新探索。2021 年底，国务院印发了《"十四五"国家应急体系规划》。② 在这一规划文本中，国务院进一步强调了当前我国面临"风险隐患仍然突出"的局面，还明确指出随着全球气候变暖，我国自然灾害风险进一步加剧，极端天气趋强趋重趋频，灾害的突发性和异常性愈加明显。为此，坚持预防为主已经成为我国应急管理建设中的基本原则，当然，在相关的风险治理工作中，也需要在工作体制中坚持党的领导，在发展理念中坚持以人为本，在制度建设中坚持依法治理，在应对举措中坚持精准治理，在格局完善中坚持社会共治。

风险治理是一项复杂系统工程。做好风险治理工作，不仅涉及技术层面的精细规范，更需要深刻认知其中的管理性挑战，要加强从"最初一公里"到"最终一公里"的系统性管理能力建设。为此，展望未来，建议尽快做

---

① 《中华人民共和国国民经济和社会发展第十四个五年规划和 2035 年远景目标纲要》，人民出版社，2021，第 154 页。
② 《国务院关于印发"十四五"国家应急体系规划的通知》（国发〔2021〕36 号），2021 年12 月 30 日。

好以下工作。

一是要尽快实现从职能型向使能型的治理思维转变。作为国家应急管理体系和能力现代化建设的先导性基础工作，风险治理工作的推进旨在推动应急管理体制改革后的横向联动、纵向协同的工作机制，不仅涉及应急管理部门自身的职能优化完善，更涉及从碎片管理到系统风险治理、从部门转型到整体政府转型的关键举措。为此，风险治理工作中，我们不仅要立足于摸清自然灾害综合风险底数、完善综合减灾区划和系统风险评估的职能定位，更要发挥在统筹发展与安全，推进各级政府、部门和全社会风险治理转型方面的使能型作用。

二是要尽快建立标准统筹和情境构建并重的技术路线。要做好调查、评估、区划等重点工作，实现边普查、边应用、边见效，不仅需要重视技术标准的统筹衔接，更需要突出风险治理的场景应用，用情境构建来解决从制度设计到成果应用转化的系统性对接。在具体情境构建上，不仅要重视基层、社区的下沉性视角，也要结合乡村振兴、城市更新等综合场域，还要融合疫情应对、气候变化等全球复合性挑战议题。

三是要尽快探索专班推进与应急管理队伍建设结合的复合型工作模式。风险治理作为应急管理体系转型升级的重要基础性内容，会涉及现代化应急管理体系建设中一系列技术和管理层面的攻坚克难、创新摸索问题，需要上下协同、横向联动、社会参与，无疑会成为培养具有复合型治理理念、专业性技术能力、开放性合作视野的应急管理专业人才实训场。为此，我们不仅要注重相关理念、知识体系和技术工具的普及，也要完善工作组织模式，通过专班推进、专业队伍建设来完善应急管理创新的组织模式。

参考文献

The World Economic Forum, "The Global Risks Report 2021", 16th Edition.

分 报 告
Topical Reports

B.2
中国社区风险治理发展报告

朱 伟 赵鹏霞*

摘 要: 本文以我国综合减灾示范社区和安全社区的建设实践为现实基础,在韧性的视角下,从组织结构与管理、物理空间、文化与环境、信息沟通方面分别对我国社区风险治理的现状展开分析。与国际社会比较发现,我国已经形成较为成熟的社区治理政策体系,理论研究也取得了长足的进步。特别是在社区风险治理实践上,我国已经形成党建引领的多元共治的组织结构,社区的物理、文化环境等方面得到了优化,信息沟通呈现智能化和多元化的趋势。与此同时,我国社区风险治理,还存在物理环境有待进一步优化、应急准备工作需要综合建设、信息沟通工作制度有待完善、社会力量协同需要有序化等方面的挑战。本文建议,我国社区治理发展路径,可以从治理理念向韧性升级、发挥多元主体

---

* 朱伟,北京市科学技术研究院城市系统工程研究所所长、研究员,研究方向为城市公共安全风险评估;赵鹏霞,北京市科学技术研究院智慧养老研究所副研究员,研究方向为社区风险治理。

的作用、构建职责清晰的权责体系、以科技支撑助力治理现代化、以融资与援助并行解决资金问题等方面展开。

关键词： 社区　风险治理　社区韧性

一　引言

2021 年是我国社区风险治理具有标志性的一年，随着新型冠状病毒肺炎疫情（下文简称"新冠肺炎疫情"）的肆虐，社区作为外防输入、内防扩散的第一现场，被验证是风险治理最有效的防线，是社会治理的基础支撑。一个国家治理体系和治理能力的现代化水平很大程度上体现在基层。党的十九大报告提出，"推动社会治理重心向基层下移"，而夯实基层社会治理根基、实现"中国之治"的关键在于提高基层社会治理效能，这其中，社区风险治理发挥着极为重要的作用，已日益成为推动中国社会基层治理体系化、规范化、精细化的重要组成部分，为"中国之治"行稳致远提供强有力的保障。党的十九大提出"树立安全发展理念，弘扬生命至上、安全第一的思想，健全公共安全体系"，"加强社区治理体系建设，推动社会治理重心向基层下移，发挥社会组织作用，实现政府治理和社会调节、居民自治良性互动"。推进面向社区的安全风险治理，是当代城市可持续发展的迫切要求。

（一）社区是风险治理的前沿哨所

公共安全体系的构建，要把基层一线作为公共安全的主战场，坚持重心下移、力量下沉、保障下倾。"社区"是社会运行的基本单元，社区风险治理是社会治理能力的核心体现。建立以人民安全为中心的社区风险治理机制，提高社区公共服务水平，成为新形势下社会治理的一项重要内容。同时，社区是风险治理的主要阵地和前沿哨口，更是风险后果的直接承担者与第一时间救助的主体。

（二）风险治理是社区的内在需求

面临灾害时，社区是人员伤亡、社会和经济失调、环境破坏等后果最直接的承受者，更是应对突发事件即刻反应和恢复行动的中心。随着我国城市化进程的发展，随着城市中人口的迁入、新兴产业的形成，农村社区将转变为新的城市社区，也会有新的社区从无到有逐渐建成，社区物理环境变得更加复杂，不同年代的地上与地下建筑物并存，与高密度、高流动性、高异质性人群及其形成的社会关系与文化交织作用，在一定的情况下关联耦合，还会带来更大的次生、衍生危害，社区将面临更多的不确定性。正所谓"基础不牢，地动山摇"。

（三）疫情倒逼社区风险治理水平提升

新冠肺炎疫情是对我国社会治理的一次大考，而社会治理的基础支撑在基层，社区是外防输入、内防扩散的第一防线，也是最有效的防线。党的十八大以来，完善和创新了共建共治共享的社会治理制度，构建了党委领导、政府负责、民主协商、社会协同、公众参与、法治保障、科技支撑的社会治理体系，这是我国疫情防控取得可圈可点成绩的根基。当社区治理体系在"常态"和"非常态"之间快速、频繁切换，社区风险治理体系的漏洞不断凸显，同时，建设更高水平的平安中国，对社区风险治理创新提出了新的要求和标准。

二 政策与理论进展

（一）社区风险治理的国际动态

社区风险治理方面，国际社会提出了新的提升社区治理水平和抗风险能力的发展理念，即基于韧性的社区风险治理。所谓韧性（resilience），是社区受到外界扰动时自我恢复、自我调适、自我学习的一种能力，使灾害发生时不易对社区造成破坏，社区同时具有快速恢复能力，恢复后具有更强的适应性，涵盖物理环境、自身硬件、软件、人员、组织、管理等综合因素。

2021 年"国际减少灾害风险日"的重点是"为发展中国家提供减少灾害风险和灾害损失的国际合作"，旨在推进"良好的灾难风险管控"，重点聚焦灾害对社区、个人和基础设施的影响。2020 年"国际减少灾害风险日"的主题是"提高灾害风险治理能力"，联合国秘书长安东尼奥·古特雷斯（António Guterres）指出，要加强灾害风险治理，建设更安全和更有韧性的世界。联合国亚太委员会第七届减少灾害风险委员会上，重点指出了社区参与在减少灾害风险中的重要性，并确认有必要促进将灾害、气候和卫生方面的考虑纳入其中，以此作为维持发展进程的一项投资。2019 年 1 月联合国大会在其通过的第 73/231 号决议中决定，将国际减灾日改为"国际减少灾害风险日"，旨在进一步提高公众对减少灾害风险的认识，同时指出《2015~2030 年仙台减少灾害风险框架》（下文简称《仙台框架》）实施中地方一级的抗灾能力亟待加强，尤其是社区层面。在联合国第三届减少自然灾害世界会议上，与会者提醒国际社会，灾害对地方一级的损害最为严重，可造成生命损失和巨大的社会和经济动荡，地方一级的抗灾能力亟待加强。

2020 年 7 月 23 日，联合国第 75 届关于"可持续发展：减少灾害风险"的会议上，就"世界各地有关可持续的基于社区的制度化灾害风险管理（CBDRM）的良方""妇女和青少年在社区灾害应对中的作用""减灾中不断地主张原住民的权利和对基本人权的需求""基层妇女在影响国家和区域减灾计划方面发挥的重要作用""让当地社区和弱势群体参与数据收集和分析，让灾后恢复流程在需要和需求的驱动下进行"，从诸多方面研讨了社区在《仙台框架》实施中的经验与建议。

（二）我国社区风险治理的政策梳理

党的十八大以来，我国推进国家治理体系和治理能力现代化，习近平总书记指示"要牢牢把握稳中求进工作总基调，把科学管控、依法管控贯穿于规划建设的各领域、全过程"，这就要求必须在社区层面建立起以人民为

中心的社区风险治理机制，将社区风险治理作为当前形势下的一项重要内容。2013年民政部相继成立当代社区发展与治理促进中心、全国城乡社区建设专家委员会、中国社区发展协会，2014年和2015年民政部陆续将北京市东城区等71个单位确认为"全国社区治理和服务创新实验区"，2017年中共中央、国务院印发了《关于加强和完善城乡社区治理的意见》，党的十九大提出了中国特色社会主义新时代的社会治理体系，在"党委领导、政府负责、社会协同、公众参与、法治保障"的基础上，"加强社区治理体系建设，推动社会治理重心向基层下移，发挥社会组织作用，实现政府治理和社会调节、居民自治良性互动。"这为社区风险治理中各主体的职责与定位提供了明确的方向，社区将本着"树立安全发展理念，弘扬生命至上、安全第一的思想"，直接面向居民开展社区风险治理工作。

2020年10月29日中国共产党第十九届中央委员会第五次全体会议通过《中共中央关于制定国民经济和社会发展第十四个五年规划和二〇三五年远景目标的建议》（下文简称《建议》），《建议》中提出："向基层放权赋能，加强城乡社区治理和服务体系建设"，进一步给出如何"重心下移"的路径，强调"减轻基层特别是村级组织负担，加强基层社会治理队伍建设，构建网格化管理、精细化服务、信息化支撑、开放共享的基层管理服务平台"，将疫情期间社区的"长"与"短"，以及发展蓝图清晰勾画出来。2020年11月，习近平总书记就平安中国建设作出重要指示，强调"以共建共治共享为导向，以防范化解影响安全稳定的突出风险为重点，以市域社会治理现代化、基层社会治理创新、平安创建活动为抓手，建设更高水平的平安中国"，这是对"更高水平的平安中国"建设中，社区的体制、机制与抓手做出更精确的阐释。2021年7月中共中央、国务院印发《关于加强基层治理体系和治理能力现代化建设的意见》，指出"基层治理是国家治理的基石"，并对统筹推进乡镇（街道）和城乡社区治理能力现代化建设的指导思想、基本原则、主要目标、重点任务、组织保障等提供了指南。

近10年来，各地在国家减灾委、各省市减灾办指导下积极开展创建全国综合减灾示范社区工作以及地方综合减灾示范社区工作，加强社区减灾资源和力量统筹，进一步提高基层特别是社区综合防灾减灾能力，推动基层防灾减灾能力标准化，着力解决防灾减灾"最后一公里"问题。

（三）社区风险治理的理论进展

国际上对韧性（resilience）的研究经过几十年的发展初见成果，相关论文也频频出现在 *Nature*、*Science* 等顶级期刊上。对灾害韧性的研究已作为重要研究内容被国际性科学计划和机构（IHDP、IPCC、IGBP 等）提上日程，成为公共治理及可持续性科学领域关注的重要视角和分析工具。国内外关于韧性安全社区的研究已取得一些较有价值的研究成果。

国内韧性社区相关研究日趋增多，2019 年发文量较前一年显著增长76.9%，特别是疫情突发后，韧性社区作为提高社区应对突发事件的重要手段，愈加受到学界关注，主要集中在工程科技、社会科学领域。

1. 相关概念的研究辨析

加拿大生物学家霍林（Holling）开了韧性概念的先河，21 世纪初，"韧性"（resilience）在城市规划与城市管理领域，作为主动灾害预防的新思想被广泛认可与应用，热度甚至超过"可持续"。关于韧性社区定义的理解有三种主流观点：第一，盖斯（Geis）等、唐庆鹏等认为韧性安全社区即"稳定性"社区；第二，库利格（Kulig）等和卡特、廖桂贤等认为韧性安全社区即"可恢复性"社区；第三种观点以布鲁诺（Bruneau）等、科尔斯（Coles）等人为代表，认为韧性社区重点应关注社区面对外部干扰后所形成的适应能力，即"长效性"。坎帕内拉（Campanella）提出应重视"人类社区在建设韧性城市中的力量"；伊伦尼-萨邦（Ireni-Saban）明确提出韧性安全社区建设需要"社会倡导力"、"社区能动力"及"社会包容性"。

综上，可以认为韧性安全社区是指社区在遭遇突发事件的干扰后，通过内部的自组织相互作用，自身所具有的"稳定性""可恢复性""长效性"的综合能力。

2. 关于韧性安全社区的相关因素和框架研究

对于韧性安全社区的理解，主流观点是将其理解成为某种能力或者过

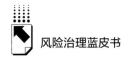

程，威尔逊（Wilson）、诺里斯（Norris）等、俞孔坚等认为是获得能力并适应的结果。卡特（Cutter）等、乔琳（Joerin）等、艾努丁（Ainuddin）等针对社区的灾害韧性建立包含生态、社会、经济、制度、基础设施和社区权限6个方面的指标体系。吕德里茨（Luederitz）等的研究将社区居民作为韧性安全社区的研究主体，奥康奈尔（O'Connell）等从灾害教育的角度出发来研究。

社区韧性评估能够帮助社区客观认识自身的韧性水平，目前主要围绕能力、过程和目标三个维度进行。1999 年，韧性联盟从组织机构的网络构建，物质、能量、信息等代谢流，物理环境以及社会动力机制等四个方面构建了评估框架。迈纳（Miner）和斯坦顿（Stanton）认为韧性社区的评估应该从基础设施、制度、经济、社会四个方面去考量，布兰查德（Blanchard）等指出韧性社区主要包括社会、经济、生态、工程等领域，韧性矩阵框架（RM framework）评估社区准备、吸收、恢复、适应四个阶段的表现。孟令君等人在 RATA 理论下设计了韧性社区的评估量表。在具体的实践上，威廉姆斯（Williams）提到联合国国际减灾战略（UNISDR）的韧性评价卡（Resilience Scorecard）10 个方面的内容，因德克斯（Index）指出洛克菲勒基金会（Rockefeller Foundation）提出的城市韧性指数（City Resilience Index）指标体系中关注健康与幸福、经济与社会、基础设施与环境、领导与决策等 4 个维度。王世福、黎子铭提出了疫情下的韧性社区的营造策略①，陈轶等对南京市老旧社区应对洪涝灾害的韧性影响因素用结构方程模型开展研究并给出对策②。

可以看出，国外已经将更多可能对社区韧性水平产生影响的因素吸纳在评估模型中，国内研究起步较晚，对其内容框架和评估体系的研究更多的是在国外相关文献的基础上发展起来的。

① 王世福、黎子铭：《强化应急治理能力的韧性社区营造策略——新型冠状病毒肺炎疫情的启示》，《规划师》2020 年第 6 期，第 112~115 页。
② 陈轶、刘涛、陈睿山、代西涛、徐杜江南、王子柔、温佳林：《南京老旧社区居民洪涝韧性及影响因素——以鼓楼区为例》，《地域研究与开发》2020 年第 4 期，第 67~72 页。

3. 关于韧性提升策略与优化的研究

韧性提升策略方面：康福特（Comfort）指出应该从信息和组织自学习两个角度提升；奥德沃尔德（Oedewald）等指出可以通过提高系统的韧性能力从而提升安全状态；艾努丁（Ainuddin）等指出可以通过提升社区的事前准备能力和对灾害的感知能力来提升社区的安全韧性；丁恩（Dinh）等将韧性视为一个过程，提出影响韧性提升的 5 个因素和提升韧性的 6 个原则；彭翀等从理论、政策和实践三个层面给出了社区安全韧性提升的策略建议。马超、运迎霞、马小淞讨论了目前城市防灾减灾规划中社区韧性缺失的问题，并探讨如何改善社区韧性来提升防灾减灾规划的执行效率①。

三 社区风险治理的积极进展

（一）组织机构与管理

1. 以党建为引领的多元共治组织结构

社区层面把风险治理与基层党建结合，把风险治理的资源、服务、管理放到基层，通过党对基层社会治理格局的统一领导、统筹协调，把群众动员、组织、团结和凝聚起来。例如：成都市创新社区风险治理领导体制，在市、县两级分别设立党委城乡社区发展治理委员会，牵头负责制定社区发展中关于风险治理的中长期目标、阶段性任务以及政策体系建设，分类分项制定任务清单，分层分级落实到市级部门和区（市）县，建立月调度、季督导工作推进机制，同时强化法制保障，制定《成都市社区发展治理促进条例》；北京市疫情防控设立"社区党委+各辖区单位党支部+楼门院党员"的三级联防联控系统，社区党委发挥属地党建引领大党委功能，是整个联防联控系统的核心，辖区单位党支部发挥战斗堡垒作用，充分发挥组织发动和参加战斗的能力，楼门院党员充分发挥联系服务群众的先锋模范作用，为防控

---

① 马超、运迎霞、马小淞：《城市防灾减灾规划中提升社区韧性的方法研究》，《城市规划》2020 年第 6 期。

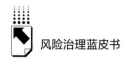
提供宣传兜底保障，为疫情排查提供有效协助。

2. 社会力量广泛参与

社区层面成立的综合减灾领导机构，除政府以外，涵盖了社会组织、企事业单位、居民等，建立与之配套的规章制度，社会力量参与社区风险治理打开了较好的局面。各社区组建了社区综合应急队伍，不同程度地配备了救援装备，加强了灾害信息员的培训，组织社区楼门长、居民代表、学校代表、医院代表等开展应急队伍的建设，引导辖区企事业单位建立匹配的应急救援组织并积极组织开展综合减灾活动。

（1）社会组织方面

在政府的支持和有序引导下，成立枢纽型社会组织，积极培育和孵化出一批社会组织，投身到社区风险治理领域中。例如成都市锦江区在全国率先建立社会组织发展基金会——"锦基金"，作为地方性公募基金会，目前共募集资金 2240 万元，为社会组织发展和安全促进项目实施提供资金支持和社会监督。基金主要使用于：直接向各项目组确定的重点风险干预项目；通过"种子计划"（TSP，The seed project），精选各街道确定的安全促进项目，委托社会组织实施，100 余家社会组织参与了安全促进项目实施。

（2）企业方面

政府越来越意识到物业企业在社区风险治理中的重要性，无论是在日常的风险管理工作中，还是在对突发事件的第一响应中，都起着举足轻重的作用。在北京市综合减灾示范社区建设的推进过程中，有物业小区的工作内容占整个社区风险治理工作的 50% 左右。对于无物业管理的胡同和院落，则以协商或政府"兜底"的形式，个性化地引进物业，强化社区的风险治理。例如，成都市锦江区对 1065 个居民院落（小区）中 412 个没有物业管理的服务单位，由区房管局进行技术指导，各街道按照"专业化+市场化"的原则，"社区居委会+社区物业服务中心+小区物业服务室"模式，引进物业服务。社区物业服务中心（民政部门备案的社会组织）负责本社区老旧院落的公益性物业服务工作，小区物业服务室为住户提供日常管理和便民服务。社区居委会根据《锦江区社区院落物业服务规范》对社区物业服务中心的工作每月进行考核，并根据考核结果核定物业服务中心当月的服务费用，每月将收支情况向居民进行公示，"零利润"运行。区财政拨付每个社区物业服务中心2万元的启动经费。目前全区所有院落（小区）基本按照规范标准实行物业服务。北京市在无物业管理的胡同引进胡同物业。例如：东城区安定门街道通过政府采购项目，引入两家物业管理公司，为辖区居民提供标准化的物业服务如环卫保洁、绿化养护、设施巡查、秩序维护、交通疏导、安全防范等，根据地区实际和居民个性化需求与物业协商制定特色物业服务产品——微型消防站、便民工具棚等，建立防汛预警合作和小工地规范化管理机制，结合街巷长和小巷管家工作，推动物业管理与社区自治的协同。

社区内的相关企业，通过"联盟"等自治形式，参与到社区风险治理中。例如：上海市黄浦区五里桥街道成立商铺自治联盟，下设17个商铺自管会，联盟单位与街道社区党群服务中心共同商议，制定包含社区风险治理的"双向服务清单"，推进街区风险自治；北京市西城区牛街街道推行"行业安全联盟"，依托菜百、港中旅、聚宝源等安全标杆企业，开展安全经验交流、优秀管理项目展示，建立"以强带弱"的安全帮带机制，结合现有的行业互查工作，使得辖区企业的安全管理水平再上一个台阶。

保险企业在社区风险治理方面也发挥着积极的作用，通过安责险、巨灾保险等，建立起灾害风险分担机制。例如：深圳市在全国率先实施巨灾保险制度，在保险保障标准、保障范围等方面走在全国前列，自2014年实施巨灾保险制度以来，全市已通过巨灾保险救助5042人次，支付救助理赔款1659.48万元。

（3）社区应急志愿队伍

居民在政府的引导下，通过组建志愿者队伍、巡导队等形式，参与社区风险治理。北京市应急管理部门联合有关部门，依托"志愿北京"平台以及安全生产联合会、青年人才促进会等社会组织，建立了市、区、街道（乡镇）三级应急志愿者队伍体系，其中较有影响力的是顺义区的旺泉街道。[1] 北京市

---

① 樊晓丽：《"政府搭台、社会组织唱戏、群众受益"北京应急志愿服务越来越火》，搜狐网，https://www.sohu.com/a/429447125_120209831，最后访问日期：2022年4月11日。

顺义蓝天救援队在顺义区旺泉街道成立的应急管理和安全工作联合会（承担孵化功能）的培育下，有10名正式队员、40多名预备队员、300多名志愿者，享受到更专业的培训。街道组建了拥有7支专业分队的旺泉街道应急志愿服务队，联系顺义蓝天救援队、啸傲天下救援服务团队等多个专业力量，为8个社区约400名巡查员、志愿者及居民进行消防、急救等方面的培训。北京市西城区金融街街道组建了一支12人的"核心区巡导队"，发现解决各类公共安全问题和社会治安问题，劝导不良行为，半年时间就发现不良事件1220件次，包括公共设施、交通风险、违规施工等问题。朝阳区京旺家园第一社区根据回迁小区的特点，组织转居劳动力，通过培训、考核，选拔了一批年富力强的本地转居人员，组成了一支社区志愿消防队伍。截至2020年8月1日全市在'志愿北京'注册的应急志愿者人数为17万人，与2019年同比增加23%。

3. 不断创新的社区风险治理模式

各地的社区风险治理模式不断创新，打造"全链条、多元化"闭环管理社区风险治理模式。在社区风险治理中，需要以人民为中心，坚持目标导向、问题导向。

（1）北京市12345市民服务热线

北京市以12345市民服务热线作为社区风险诉求直接反映和快速响应的通道，解决了居民社区风险治理的诉求不能直接到达可以处理的政府部门的问题，通过问题识别、分类、派单、办理、考评、通报、预警等实现了社区风险的全链条闭环管理，对于一些难题，促使多元主体协同发力、统筹推进、产生合力，减少了社区风险治理的推诿扯皮现象。

（2）北京市的"回天之术"，打造共商共治新格局

"回天有我"是回天治理的内核，是由"回天地区"的部分社区党支部倡议居民"回天地区"的社区治理问题应从自身和周边做起的一项行动，在坚持党建引领共商共治的新格局下持续推进，得到北京市政府的高度认可，正在逐渐机制化。其中"五方共建"，由社区党支部牵头，物业公司、居委会、业委会及相关企业代表来到社区，共同协商解决"老大难问题"。

社区"五方共建"工作机制使社区实现由"管"到"治"的转变，陆续解决了社区道路低洼不平、小区大门年久失修、单元楼门禁失灵、一楼污水跑冒漏、停车位"一位难求"等风险治理的"老大难"问题。同时，通过党建引领使得市场主体和社会组织等力量参与到环境治理、物业管理、心理疏导等社区服务中，成效显著。

（3）加强"三社联动"，聚力社区风险治理"微要素"

浙江省海宁市南关厢社区，社区培育注册社会组织7家，专职社工11人，注册志愿者人数为812人（占常住人口的17%）。各小区业委员在议事协商的同时，通过在网格民情分析会、火红议事会、共建联席会中融入安全宣传教育，"最美志愿者"热心组织各类公益活动，激发自治活力、促进社区风险治理。

（4）"五小"场所分级管理

北京市东城区安定门街道小餐饮、小美发、小旅馆、小建材、小零售等"五小"场所占地区企业总数的75.2%。街道由公安、消防、城管、食药监、工商等部门组成联合工作组，明确A、B、C、D四级分级标准，依托日常检查工作开展动态分级，标注明显的统一标识（绿、蓝、黄、红），根据级别合理安排安全巡查频次，提升安全管理效能。

（二）物理空间

社区通过降低环境风险，强化应急设施设备与物资储备，提升了物理空间的韧性能力。对辖区主要建（构）筑物未达抗震设防要求的进行排查，对危房进行排查。社区居民普遍关心的电动车充电、消防车道和楼内疏散通道占用等问题得到了一定程度的解决，社区微型消防站建设进一步规范，社区开始思考并准备避难场所与避难疏散路线，配备救援工具、通信设备、照明工具等，并与超市和药店等签订救灾应急物资协议，提升社区的抗灾能力。

1. 房屋建筑结构方面的风险治理探索

针对房屋建筑结构方面的风险治理，上海市黄浦区通过在线风险管理平台与分级分类监管开展了探索工作。老西门街道依托"一网统管"平台，开发了国内首个小型工程（工程投资额 100 万元以下的非居住类建筑装饰装修工程）监管应用场景，场景中设置的工作流程会细化锁定到街道内 7 个部门和 20 名人员的每个责任部门和责任人，现场检查人员佩戴可视化单兵设备，指挥长可在街道城运中心基于现场实时信息即时判断指挥，超限工程信息可在手机端即时传送给建筑管理部门指定人员，有效治理乱敲承重墙、野蛮装修等房屋结构的破坏风险问题。

黄浦区房管局基于《关于黄浦区建筑物外墙墙面及其附着物、建筑附属构件的高空坠物隐患防范和风险管控课题研究报告》，形成《高空坠物隐患防范和风险管控实务指导》，将房屋安全隐患等级划分为红、黄、蓝三级，采取措施精准干预。

2. 房屋建筑内部设施如电梯、燃气、用电等安全风险治理探索

国内各街道乡镇与社区都通过消除风险、降低风险可能性、降低风险后果等个性化措施进行干预，并且突破了现有三定范围与职责清单。北京市朝阳区南磨房街道对辖内老旧小区的电梯进行隐患排查，由乡政府投资约 1000 万元对 21 部有风险隐患的电梯进行更换，在人密场所电梯及其他特种设备上安装视频监控设施，随时监测可能发生的问题；为平房区所有居民安装电表、空气开关、漏电保护器，乡政府投资 1700 余万元对宏庙拆迁区的危电实行改造；组织专业人员入户检测液化气罐，对于黑罐、报废罐、待检测罐敦促更换合格罐体，检查中发现 269 户使用不安全灶具，逐户动员并更换合格产品；对于商用液化气罐，100% 动员用户替换为管道或其他低风险的热能使用方式。北京市西城区德胜街道针对旧小区和平房困难居民家庭全面推行免费入户检测液化气罐，更换软管等设施；联合中国防盗联盟协会，为居民更换安装防盗性能更好的超 B 级或 C 级防盗技术锁芯，降低家庭被偷盗的风险。

3. 社区对建筑物周围的公共区域，尤其是无责任主体的风险区域，由街道或社区负责协调，进行治理

比较典型的问题如老旧小区的消防设施缺失、公共区域设施老旧、居民区附近有燃气站等安全风险。成都市锦江区对辖内院落进行风险治理与改造提升，有维修基金的院落（小区）由居民委员会引导业主委员会动用维修基金，没有维修基金的院落（小区）由政府出资。1950 年以前修建的砖木结构房屋，新建消防水池、消防报警器等，协调供电部门对该片区所有公用线路进行穿管改造。锦江区书院街道和柳江街道政府对社区休闲场所的风险进行治理，对辖区内府河沿岸的公共设施进行改善，清走走廊的苔藓植物并改为防滑地面，对周围的围栏进行加固，增加安全风险警示牌，采用水泥砌的方式把护栏空隙变小以降低对儿童的伤害，等等。北京市朝阳区南磨房地区政府通过地区风险评估发现，有 2 处民用液化气换气站建筑、设施、管理等不符合安全生产规定，且处于居民集中居住的区域，南磨房地区综治办协同城管科对其进行取缔。

4. 通过安全社区与综合减灾示范社区的建设，各社区在防灾工程与物资准备方面都实现了从无到有的提升

成都市锦江区在全区范围内新建一级应急避难场所 17 处，结合街头绿地建设，建设二级、三级避难场所 14 处，均匀分布于区内，基本满足区内常住人口应急避难需要，并委托社会组织对部分内部地形复杂的院落（小区）编制了防灾减灾应急疏散地图，根据居民的居住分布密度设计居民在发生灾害时的应急疏散和逃生路线，将应急救灾物资的存放地点也进行标注，并印制成纸质地图免费发放给居民。深圳市以中小学校、文化体育场馆、绿地、公园、社区服务中心等公共服务场所为主，共建成应急避难场所 1159 处，分布在全市 74 个街道辖区，室外应急避难场所可容纳625 万余人，市应急管理局还联合腾讯等地图企业，在手机 App 内设置深圳市室内应急避难场所查询和导航功能。深圳市 2020 年由市应急管理局等 8 家单位牵头，推动实施灾害风险调查和重点隐患排查工程、海岸带保护修复工程、防汛抗旱水利提升工程等 9 项重点工程 44 项重点任务，计划在 3 年全部完成。

社区在综合减灾社区建设过程中，都建立起了微型消防站。例如北京市朝阳区南磨房地区建立起 12 个微型消防站，每年开展消防安全"大比武"。北京市东城区安定门街道与引进的胡同物业管理单位联合，为胡同量身定制

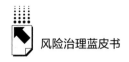
消防三轮车并配备匹配的装备器材，发动派出所管片民警、联防队员、物业保安员等各方力量，赋予其"巡消一体化"的职责，每年根据街道制定的《安定门街道微型消防站考核标准》，进行4次全体考核。

（三）文化与环境

实现社区风险治理现代化，不仅要依靠法治，在社区层面上更要靠德治，最深厚、最持久的力量是全社会一致认同的核心价值体系和核心价值观。社区风险治理在从本质安全的视角消除隐患的同时要继承和弘扬中华优秀传统文化中的风险治理精髓和西方风险治理的先进经验，以"德治"引领凝聚社区风险治理的力量。社区开辟固定的科普宣传教育场地，提高对居民开放的频次，丰富综合减灾科普宣传教育的方式方法，安全减灾宣教场所的数量日益增多，宣传教育的形式、覆盖面亦有新的拓展，提升社区居民的安全知识和技能，增强个人在突发事件发生时自救、互救、恢复社会秩序的主观意愿。

1. 社区自救互救技能持续提升

社区层面完善红十字会救助体系，各社区明确街道红十字分会领导小组负责人，发展各类会员，社区层面的自救互救技能培训开展的范围和频次都有较大提升，这为提升社区在突发事件第一时间的响应技能，奠定了良好的基础。例如，北京市东城区安定门街道组建街道红十字分会领导小组，与北京市第六医院、北京鼓楼中医医院等地区医疗机构建立急救培训合作机制，各社区的红十字会员共有2743人。北京市南磨房社区卫生服务中心联合六里屯与八里庄共3个自救互救培训基地为地铁安检员和居民分批分组进行急救知识培训。

2. 创新社区安全文化传播的方式方法

各地社区安全文化的创新进程加速，微信群、公众号成为社区常态的安全文化传播载体，创新性地开展快闪、直播、在线教育等。北京市"应急志愿服务在行动"品牌活动期间，邀请网络大V在光明网开展直播，在大学内开展快闪活动等；与此同时，各个街道的安全宣教基地建设也陆续取得成效，为活动开展提供了生动的素材。深圳市创新安全宣教方式，搭建"学习强安"线上平台，将疫情期间的各类人群安全培训、重要节点的宣传活动，搬到线上，参与人数累计超过 50 万人次。

社区安全文化与技能传播的形式有所创新，以活动的形式承载安全知识与技能的内涵，居民更容易接受。例如：北京市东城区安定门街道开展五星安全院落、五星安全家庭评比大赛，制定细则，并将细则以安全知识宣传展板和手册的形式进行宣传，采用大赛+实操+评审的形式，并给获奖院落和家庭进行奖励，居民参与的热情非常高。部分社区通过风险评估，在辖内建立起目视化的安全环境氛围，张贴可操作的风险提示和规避告知，例如北京市朝阳区呼家楼街道的呼北社区，在此基础上还建立了社区应急工作流程图。部分企业通过完善各类安全标识、标线、提示牌等，做到园区风险可视、安全信息可视和安全宣教可视。

3. 学校对安全文化的重视程度有所提升

安全教育的受众逐步向学生和儿童倾向，活动形式新颖多样，体现了安全"从娃娃抓起"这一思想。例如：上海市黄浦区淮海中路街道办事处举办了"'淮'抱初心 守护平安"之"安全隐患我来查""安全知识我来讲""安全意识我来树""安全社区我来评"等主题活动；北京市西城区金融街街道在幼儿园内开设"木工坊"，供儿童亲自动手体验安全作业过程；北京市朝阳区的南磨房地区开展"皮皮鲁送你 100 条命"公益安全校园行活动；成都示范小学发起"360°生命安全"体系建设；诸多社区都在开展的"小小交通安全体验员"活动；等等。

（四）信息沟通

社区在信息沟通方面手段较为多样化，大数据、新媒体等新技术与大喇叭、广播、锣、吹哨子等传统手段并存，确保日常的风险信息能够得到有效处理，同时使得预警信息能够在较短时间内传达给社区居民。

1. 社区风险治理信息沟通手段更多样

综合减灾示范社区建设中，社区防灾宣传除了传统的宣传栏张贴减灾资

料模式外,主要以各类微信群——社区居民群、楼门长群、居民代表群、各区党支部群、志愿者队伍群、掌上四合院群等传播发送信息,辅以覆盖全辖区的小区广播,由专人高效、准确发送相关信息,由领导把关。小区广播可以覆盖不便用手机的老人、儿童等脆弱人群,达到全社区、全居民覆盖。

2.社区风险治理信息沟通手段更智能

各地推进的城市大脑建设,融合城市大脑天眼、电子眼、AI、时空一张图,打破了业务、流程、数据、系统的壁垒,重构全链条全量即时多维数据治理,打造新型智慧城市风险治理平台。兰州市七里河区不断深入拓展"民情流水线",以"智慧党建"推进"基层治理",实现"智慧服务",有力地推动了全区城市基层治理工作迈上新台阶。北京市石景山区八角街道建立"智慧安全养老社区应急服务中心",将大数据、"互联网+"与养老服务有机结合起来,建设智慧健康养老新模式。进一步对"试验田"关键技术进行融合创新与推广落地,以形成面向全国的社区风险治理智慧技术,从社会的"细胞"层面,以科技为支撑开展社会风险的"靶向治疗"。

疫情期间,很多街道都在已有的"智慧大脑"上增加了防疫模块。例如上海市半淞园街道在"智慧大脑"上增加"疫情防控"功能后,通过电子化、信息化手段汇总辖区各条战线防疫工作数据,实现"电子作战图",联动的公安派出所指挥室就会接到经过智能研判后产生的告警信息,并自动生成重点人员行动轨迹,快速提醒管理方及时精准找到该重点人员。

四 社区风险治理面临的挑战

(一)物理环境方面

随着城市化的加速推进,社区内的重点工程、大体量工程增多,带来频繁高空作业、地下作业、有限空间作业,造成建筑工程类风险不断升级,地上和地下设施交错,在建和运营项目并存,社区存在着建筑工地安全生产事故、地下空间安全生产事故等风险;老旧小区消防设施存在先天缺陷,"生命通道"不畅通，火灾、燃气事故、电梯事故等风险重重；早期地下管网年久失修，由此带来跑冒滴漏以及坍塌、爆炸的风险越来越大。

（二）应急准备方面

社区应急准备近些年已取得长足进步，但在资源结构的合理性、科学性以及与风险的匹配度方面需要进一步优化；应急资源的日常管理与维护工作有待加强，例如优化《应急物资储备管理规范》，按照储存物资属性的不同进行分类，对每一类物资，根据保管要求、仓储设施条件及仓库实际情况，确定具体的存放区。社区应急救援队伍相对较弱，队伍数量、救援能力整体偏低，管理分散化。应急资源缺乏有效整合。各级部门均建立了不同的应急物资库，但关于社区层面使用时如何实现应急物资整合、调用、运输、发放等都不够明确，难免造成资源浪费、利用效率不高、调度时效性差等问题。

（三）信息沟通方面

信息沟通是社区风险治理的重要环节，信息准确与否和传递效率高低，直接影响风险的预测预警、研判处置等各项工作。一是信息报送的机制有待完善，社区预案中多数未建立起切实可行的信息报送制度，存在预案中的信息报送链脱离实际情况、信息报送工作机制不完善等情况。信息报送制度建设要注重体系化和完整性，避免多头报送、重复报送等问题。二是信息工作人员素质有待提升。目前社区灾害信息员基本为兼职，通常会有其他任务难以兼顾，甚至对重要紧急信息的报送格式、要素、流程、时效等业务不熟，信息员岗位流动性比较大，甚至部分社区都不清楚灾害信息员具体是谁，每年的专业培训就更无从谈起，这使得重要紧急信息的处理效率受到影响。三是网络舆情重要信息报送机制有待完善。当今是信息流动迅速的时代，微信、抖音、微博等新媒体的快速发展，使得任何人在突发事件的任何阶段都可能成为信息发布的来源，会导致党和政府的信息滞后于网络信息从而出现"信息倒流"现象。四是社会参与需进一步增强。《中华人民共和国突发事

件应对法》中明确规定信息报告的主体可以是政府及其相关组织和个人，包括企事业单位、公民、法人和其他组织，我国已构建起包括政府部门、专业机构、监测网点以及信息报告员在内的一套完善的信息报送网络，但"全社会参与"还需要强化，需要将个人、家庭、社会组织、各类单位等非政府主体参与突发事件信息工作作为政府部门参与的重要补充。

（四）社会协同方面

社区风险治理中群众利益诉求差异明显，服务供需错位，差异化、个性化需求不断增长，高品质、高层次的风险治理要求与供给低效的问题同时存在；基层"九龙治水、各自为政"，治理效能不高，机构改革前有些地方基层风险治理职能分散在20多个部门，政出多门、相互之间推诿扯皮的情况时有发生，造成基层疲于应付、无所适从，没有形成工作合力。基层党组织弱化，引领力下降，对新兴经济和社会组织的覆盖不足，对群众的政治引领、宣传凝聚等功能发挥不充分，在风险治理中不能很好地发挥战斗堡垒作用。而在突发事件发生时，街道、镇、社区是掌握信息最快、参与处置最直接、对突发事件周边设施最了解、负责灾后恢复最基层的组织。在专项应急指挥部介入之前，基层的处置工作尤为重要，其快速的事件信息上报和有效的先期响应，有利于对突发事件的有效控制。在突发事件处置过程中，应急指挥部需要基层单位的协助，比如在居民疏散时，需要街道和社区提供人员名单并组织居民疏散。此外，突发事件现场情况复杂，参加抢险救援人员众多，导致指挥人员无法及时准确找到基层相关负责人的情况时有发生。

五　发展与展望

（一）推动社区风险治理理念向韧性社区升级

理念是行动的先导。中国特色社会主义进入新阶段，社会的主要矛盾是人民日益增长的美好生活需求和不平衡不充分的发展之间的矛盾。这一阶段，风险治理理念应进行更新，不断突出"以人民为中心"，充分了解人民群众在风险治理领域多样化、个性化和高质量的需求，解决好老百姓身边的安全问题，洞察民心，顺应民意。《建议》提出，"推进以人为核心的新型城镇化"，"增强城市防洪排涝能力，建设海绵城市、韧性城市"。其中，"韧性城市"系党的十九届五中全会首提。各级政府应充分理解韧性社区的内涵，发现韧性社区的远期价值，从社区应对突发事件的稳定及恢复、适应等方面培养社区能力，提升社区韧性。从顶层设计上进行系统规划，细化韧性要素在社区层面的具体需求，用国际先进的理念和方法解决社区风险治理难题，助力社区风险精准防控。应以本次新冠肺炎疫情为契机，在修订应急预案等相关的法规时，对建设韧性社区的职责定位及分工等进行明确，为下一步工作奠定基础。

（二）重视社区多元主体的风险治理作用

社区风险治理，需要社区、企业、社会和个人提升他们参与预防和减少风险的能力。

第一，推进社区、社会组织、社会工作"三社联动"，社区居委会和利益相关方需要提升自身的风险治理能力，同时对社区风险治理的社会组织，在孵化与注册方面给予一定的帮扶，提升社会工作者的服务能力与水平。

第二，减少社区风险的政策、战略和方案（包括风险评估），应该针对造成不平等和不包容的驱动因素，并且采用基于人权的方法来为其提供信息支持，确保优先考虑面临最大风险的人群和边缘化人群的需求。

第三，在制定和实施社区风险治理计划的各个阶段都应该反映出妇女的声音。响应迅速的性别敏感型方法有助于实施更强有力的减少社区风险干预措施，从而降低妇女在灾害发生时的脆弱性。加强她们的领导作用，提供更多的关注和针对性资源。

第四，儿童、青少年和青年专业人士正在减少灾害风险和气候适应行动

方面发挥着引领作用，因此社区风险治理需要做出更大努力，实现他们的参与制度化，充分发挥和释放这些群体的能力。

（三）社区风险治理过程应强调社区的主导作用

社区风险治理的战略和计划的制定和实施应以社区为主导，以社区自治为指导，以当地解决方案为基础。在各级政府的支持下探索和建构与社区发展匹配的长期的综合风险治理规划、可持续的风险治理融资框架，以及各级政府和其他利益相关方的合作，从而提升社区韧性。

第一，通过大数据等跨时间和跨空间地利用综合的分类数据，去分析研判社区风险暴露度和脆弱性，尤其是那些面临风险最大的人群，掌握社区的风险治理需求，避免决策和行政过程中存在"代理主义"，从而导致社区风险治理策略的失焦、失聪、失效。

第二，整体来看，我们尚没有充分地认识和理解迫在眉睫、相互关联和快速变化的风险。但社区群众对社区的风险有最直接的感受，在很大程度上可以对传统风险数据进行补充。另外，社区风险在很大程度上仍然缺乏按性别、年龄和残疾状况分类的数据，社区本身可以弥补充该方面的不足。

第三，本着以人为本的理念，在社区风险治理中应统筹兼顾不同群体的多样化与差异化需求，提升个人参与风险治理的动机和活力，激活社会风险治理的细胞。

（四）构建职责清晰的社区风险治理"权责体系"

社区风险治理必须有清晰的边界，党的十九届四中全会提出"构建职责明确、依法行政的政府治理体系"，2019年12月北京市社会建设工作领导小组印发《北京市社区工作准入管理办法（试行）》，明确规定社区依法履行的职责清单，为社区风险治理的边界提供了较好的规定依据。

第一，从社区职能和优势出发，可以从市、区、街道的层面，明确各级有差异的职能，将社区风险治理的任务清单具体化。

第二，探索以12345市民服务热线为主线的"社区吹哨，街道报道，部门响应"的最直接的风险治理模式，减轻社区形式化的工作压力，将主要精力投入包含风险治理的居民实际需求。

（五）以科技为支撑，助力社区风险治理现代化

目前，大数据、云计算、区块链、人工智能等前沿技术日臻成熟，为社区风险治理技术现代化提供了可能性。习近平总书记在浙江考察时强调，运用前沿技术，"推动城市管理手段、管理模式、管理理念创新，从数字化到智能化再到智慧化，让城市更聪明一些、更智慧一些，是推动城市治理体系和治理能力现代化的必由之路，前景广阔"。

第一，通过区块链解决社区风险治理中的数据治理问题、信任问题、安全问题。区块链技术在社区风险治理中的应用，有助于打破各方的"信息孤岛"，更好地实现信息共享。

第二，新时代推进社区风险治理，通过构建技术支撑、数据驱动、智能融合的"智慧大脑"，让人民的生活更便捷，使获得感、幸福感得到提升。

（六）融资与援助并行，解决社区风险治理中的资金问题

可以将可持续发展的国家综合财政框架与减少灾害风险战略协调起来，将更多的财政资源下放给属地政府，为它们赋权，并找出量身定制的、以社区为中心的风险降低方法，包括通过基于预测的融资来减少风险的方法。引导捐助者和国际金融机构将减少灾害风险纳入其发展援助。融资机制应该打破风险暴露度上升的恶性循环，同时减少防灾、灾害响应和重建对援助的依赖，在风险融资方面应进一步探索扩大市场驱动力的创新型产品。

参考文献

刘婧：《石景山八角街道打造智慧养老新模式》，《北京青年报》2020 年 12 月 21 日，第 A04 版。

彭翀、郭祖源、彭仲仁：《国外社区韧性的理论与实践进展》，《国际城市规划》2017年第4期。

滕五晓：《加强基层应急管理能力建设 积极推进国家应急管理体系和能力现代化》，《中国减灾》2020年第9期。

涂开均、范召全：《秩序目标、认可期待和参与需求下的社区治理博弈——基于政府购买背景下基层政府、群众性自治组织和社会组织间的互动分析》，《山东行政学院学报》2016年第1期。

王燕梅：《韧性社区：概念、内涵与框架构建》，《福建质量管理》2019年第4期。

魏礼群：《坚定不移推进社会治理现代化》，《光明日报》2019年9月9日，第16版（智库版）。

魏礼群：《习近平社会治理思想研究》，《中国高校社会科学》2018年第4期。

吴晓林：《推进市域社会治理现代化 探索"城市之治"样本》，《天津日报》2020年9月4日，第9版。

吴晓林：《建设"韧性社区"补齐社会治理短板》，《光明日报》2020年3月25日，第2版。

赵鹏霞、朱伟、王亚飞：《韧性社区评估框架与应急体制机制设计及在雄安新区的构建路径探讨》，《中国安全生产科学技术》2018年第7期。

许欢：《北京市城市安全高质量发展路径研究》，载袁振龙主编《北京社会治理发展报告（2019~2020）》，社会科学文献出版社，2020。

《中共中央关于制定国民经济和社会发展第十四个五年规划和二〇三五年远景目标的建议》，2020年。

《全国综合减灾示范社区创建管理办法》（国减发〔2020〕2号），2020年6月。

《从"回天乏力"到"回天有术"——北京破解超大型社区治理难题样本观察》，《内蒙古日报》2020年12月3日，第6版。

成都市委编办：《聚焦破解城市治理难题 创新城乡社区发展治理体制机制》，《中国机构改革与管理》2020年第7期。

《七里河区不断深化"民情流水线"》，《兰州日报》2020年12月23日，第R06版。

唐庆鹏：《风险共处与治理下移——国外弹性社区研究及其对我国的启示》，《国外社会科学》2015年第2期。

廖桂贤：《城市韧性承洪理论——另一种规划实践的基础》，林贺佳、汪洋译，《国际城市规划》2015年第2期。

俞孔坚、许涛、李迪华、王春连：《城市水系统弹性研究进展》，《城市规划学刊》2015年第1期。

彭翀、郭祖源、彭仲仁：《国外社区韧性的理论与实践进展》，《国际城市规划》2017年第4期。

孟令君、运迎霞、任利剑：《基于 RATA 韧性评价体系的既有社区御灾提升策略——以天津市河东区东兴路既有社区为例》，《规划 60 年：成就与挑战——2016 中国城市规划年会论文集（01 城市安全与防灾规划）》，2016，第 194~205 页。

D. E. Geis, "By Design: The Disaster Resistant and Quality of Life Community", *Natural Hazards Review*, 2005, 11: 151-160.

Kulig J. C., Edge D. S., Joyce B. "Understanding Community Resilience in Rural Communities through Multi-method Research", *Community Development*, 2008, 3: 77-94.

Cutter S. L., Barnes L., Berry M., et al. "A Place-based Model for Understanding Community Resilience to Natural Disasters", *Global Environmental Change*, 2008, 18: 598-606.

Bruneau M., Chang S. E., Eguchi R. T., et al. "A Framework to Quantitatively Assess and Enhance the Seismic Resilience of Communities", *Earthquake Spectra*, 2003, 19: 733-752.

Coles E., Buckle P. Developing. "Community Resilience as a Foundation for Effective Disaster Recovery", *The Australian Journal of Emergency Management*, 2004, 19 : 6-15.

Campanella T. J., "Urban Resilience and the Recovery of New Orleans", *Journal of the American Planning Association*, 2006, 72: 141-146.

Ireni-Saban L., "Challenging Disaster Administration: Toward Community-Based Disaster Resilience", *Administration and Society*, 2013, 45: 651-673.

Wilson G., *Community Resilience and Environmental Transitions*, New York: Routledge, 2012.

Norris F. H., Stevens S. P., et al. "Community Resilience as a Metaphor, Theory, Set of Capacities, and Strategy for Disaster Readiness", *American Journal of Community Psychology*, 2008, 41: 127-150.

Joerin J., Shaw R., Takeuchi Y., et al. "Assessing Community Resilience to Climate-related Disasters in Chennai, India", *International Journal of Disaster Risk Reduction*, 2012, 1: 44-54.

Ainuddin S., Routray J. K., "Community Resilience Framework for an Earthquake Prone Area in Baluchistan", *International Journal of Disaster Risk Reduction*, 2012, 2: 25-36.

Luederitz C., Lang D. J., Von Wehrden H., "A Systematic Review of Guiding Principles for Sustainable Urban Neighborhood Development", *Landscape and Urban Planning*, 2013, 118: 40-55.

O'Connell D., Walker B., Abel N., et al. "The Resilience, Adaptation and Transformation Assessment Framework: From Theory to Application", CSIRO, Australia. 2015, http://www. csiro. au.

Blanchard K., Aitsi-Selmi A., Murray V. "The Sendai Framework on Disaster Risk

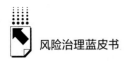
Reduction: From Science and Technology to Societal Resilience", *International Journal of Disaster Resilience in the Built Environment*, 2015, 6: 352-376

Comfort L. K. , *Shared Risk: Complex Systems in Seismic Response*, Oxford, UK: Elsevier, 1999.

Oedewald P. , Gotcheva N. , "Safety Culture and Subcontractor Network Governance in a Complex Safety Critical Project", *Reliability Engineering & System Safety*, 2015, 141: 106-114.

Ainuddin S. , Routray J K. , "Community Resilience Framework for an Earthquake Prone Area in Baluchistan", *International Journal of Disaster Risk Reduction*, 2012, 2: 25-36.

Dinh L. T. T. , Pasman H. , Gao X. , et al. "Resilience Engineering of Industrial Processes: Principles and Contributing Factors", *Journal of Loss Prevention in the Process Industries*, 2012, 25: 233-241.

B.3
中国学校安全创新发展报告

马雷军　范晓雯　高玉建*

摘　要： 本文通过梳理国际国内学校安全方面的理念、政策和实践进展，从而发现中国学校安全工作中出现了以下五方面的创新特征：针对校园欺凌和教育惩戒出台新的法规和政策；逐步完善学校安全预警和风险评估制度，提升学校演练能力；增强学校管理者以及教师的安全素养；推动学校安全教育形式和内容趋于多样化；在新冠肺炎疫情的应对中，实现全国"停课不停学不停教"，创建有针对性的安全管理措施。此外，本文总结了学校安全工作中存在的一些问题以及未来的发展趋势，包括学校安全管理的标准化及专业化、学校安全教育的技能化、教师安全培训的全覆盖、学校安全工作的社会化和法制化，为中国学校安全可持续发展提供建议。

关键词： 学校安全　减灾　备灾　韧性教育

一　学校安全的概述和意义

（一）学校安全的概念

1.定义学校安全

学校安全是指在学校的职责范围内，不发生学生和教职工伤害和财产

---

* 马雷军，中国教育科学研究院教育法治与教育标准研究所副所长，研究方向为学校安全、教育法学；范晓雯，救助儿童会减灾和学校安全技术顾问、基金会救灾协调会原总干事，研究方向为灾害风险管理、学校防灾减灾；高玉建，广西师范大学教育学部 2020 级硕士研究生，研究方向为学校安全、教育法学。

损失的事故。学校安全工作直接关系到学校的教育教学能否正常开展、素质教育的教育目标能否正常实现，也关系到千家万户的幸福、社会的安定团结。学校安全具有自身的规律和特点。所以在学校的安全工作当中，除了要按照一般安全规律外，还要按照教育自身的规律开展工作。一般来说，学校安全包括狭义的理解和广义的理解。狭义的学校安全事件是指发生在学校内或与学校直接相关的地点和场所的伤害性事件。它可能由人类活动造成，如校园暴力、火灾、食物中毒、建筑物倒塌或学校设施发生故障等，也可能是由一些自然因素引起的，如洪涝灾害、地震、传染病等。不管是哪种因素造成的，最终都会给学校成员带来身体上的伤害。而广义上的学校安全除了指身体上的安全外，更强调心理上的安全。任何对个人的威胁和伤害都可以看成安全问题。安全的学校不只是保障学生和教师身体、心理安全的地方，更应该让学生和教师坚信他们处于一个安全的环境中。在这里，教师和学生可以安心并愉快地学习和工作，个人的财产和学校的财产都不会轻易被盗窃、破坏和损害，教学和学校其他的事件不会被破坏或打乱；学生和教师之间相互尊重，按照促进更加有效的教学和学习的方式行事。①

2. 学校面临的常见灾害和事故

《现代汉语词典》将"事故"解释为意外损失或灾祸（多指在生产、工作上发生的）。② 在学校安全工作当中，学校事故是指造成师生身体伤害、财产损失甚至死亡等的意外事件。在这里，有两个关键点要把握：一是学校事故是一种意外事件，是人们主观上不希望发生的；二是学校事故是由不可抗力、过于自信、麻痹大意或者少数人的故意造成的。学校本身就是社会的缩影，在学校内发生的安全问题可谓类型多样。学校的事故有多种分类方法，其中造成人员死亡、受伤或身体损害的事故就称为人员伤亡事故，若没

---

① 〔美〕丹尼尔·杜克（Daniel L. Duke）：《创建安全的学校——学校安全工作指南》，唐颖、杨志华译，中国轻工业出版社，2006，第5页。

② 中国社会科学院语言研究所词典编辑室编《现代汉语词典（第7版）》，商务印书馆，2016，第1194页。

有人员伤亡即无人员伤亡事故。按照发生的范围,可以分为校内安全事故和校外安全事故。按发生对象划分,可分为教职员工安全问题和学生安全问题。按学校需要承担的责任划分,可以分为校舍建筑事故、学校设施事故、课堂事故、课间事故、活动事故、体育运动事故、饮食卫生事故、学生行为事故、教育教学事故和其他事故。

(二)学校安全工作的意义

1.致灾因子对学校安全造成的影响

中国的学校安全面临着各种致灾因子的威胁,这些威胁既有源于自然界的影响,也有人为的各种事故。其中,对于中国的学校来说,地震和洪水曾对学校构成严重的威胁。除了自然致灾因子之外,人为因素对学校安全的影响也不可忽视。溺水是导致当前中国中小学生死亡的第一杀手。根据教育部历年的统计,每年中小学生意外死亡事件中几乎有1/3都是因为溺水。随着学校和社会各界对学生溺水事故的重视,溺水事故的数量有明显下降,2020~2021年也在持续下降,但其引发的学生意外死亡数量仍高于其他事故。火灾也是严重威胁中国学校安全的灾害类型,但近年来,随着学校对于消防安全的重视,并没有发生重特大消防事故。中小学生的交通安全事故往往发生在上下学期间,交通安全事故也是严重威胁我国中小学生安全的事故类型。近些年,中小学生的欺凌事件仍时有发生,严重影响学生的身心健康。留守儿童问题也对学生造成严重安全威胁。因为没有监护人的保护,这类学生很容易发生溺水等事故,也更容易遭受性侵、欺凌等事件。不仅如此,当今世界面临的环境污染也给儿童带来各种风险。世界卫生组织(Word Health Organization)2017年发布的关于儿童面临的环境污染报告中指出了对儿童而言的环境污染风险因素[1],其中与学校安全相关的因素包括:缺乏身体锻炼、环境引起的传染病、空气污染、心理和行为失调、儿童

---

[1] World Health Organization:Don't Pollute My Future! The Impact of the Environment on Children's Health, 2017, https://www.who.int/publications/i/item/WHO-FWC-IHE-17.01,最后访问日期:2022年3月22日。

之间的暴力等。世界卫生组织 2020 年发布的一些相关数据显示，全球平均每年有 700 万名儿童死于空气污染。[①] 在中国，2020~2021 年，中小学生自杀率明显上升，凸显了心理健康问题低龄化的趋势。这些都是中国儿童正面临着的、不容忽视的风险。"孩子是祖国的花朵"是相对于国家而言，而对于一个家庭而言，孩子是家庭中相对脆弱的一员。各种不安全因素是摆在儿童成长面前的难题。呵护儿童的健康成长、保障儿童的生命安全，对于维护家庭完整、维系情感纽带等可发挥重要作用。

此外，学校校内突发公共卫生事件也时有发生，学校安全也包括与学生健康有关的诸多工作。2020 年突如其来的新冠肺炎疫情，对全球的教育领域都造成了一定程度的冲击和影响，中国也不例外。学校停课数周甚至数月，可能会对儿童和整个社会产生无法估量的、超越地域和阶层的影响。在中国，教育部门积极采取了"停课不停学"的在线教学措施，但疫情仍可能给学生带来生活和学习方面的长期影响。疫情防控转为常态化，这势必对学校安全工作的方式和内容提出新的要求。

2. 学校安全对教育教学和未成年人健康成长的意义

在一所学校，即使教学质量抓得再好，一旦发生了学生安全事故，大量努力也会前功尽弃。各级教育行政部门和学校的主要领导要充分认识肩负责任的重大，要牢固树立安全第一、"责任重于泰山"的观念，一位学生如果健康受损，对其继续学习和成长都有莫大的影响。因此，高质量的教育要建立在为学生提供安全无障碍的学习环境的基础之上。学校安全工作中必须坚持的重要原则是将学生和教师的生命安全放在首要位置。具体来说，当人身利益与财产利益发生冲突时，应当以师生的人身利益为重。现代价值观将生命视为最宝贵的东西，生命只有一次，即使是十分宝贵的财产，也无法与生命和健康等值。学校和教师在开展安全工作时，既要考虑到教育形式的问题，又要考虑到学生的身心发展问题，社会也需要为学校创造一种较为宽松

---

① World Health Organization："A Future for the World's Children? Two Dozen Key Numbers"，2020，https：//www.who.int/publications/i/item/brochure-a-future-for-the-worlds-children，最后访问日期：2022 年 3 月 22 日。

的环境，使得学校安全工作的严肃性与学生身心发展的科学性达到和谐的统一。

二 2020~2021年学校安全政策和理念进展

（一）国际和国内理念进展

1. 国际理念进展

2015年3月18日在第三届联合国世界减少灾害风险大会上通过的《2015~2030年仙台减少灾害风险框架》呼吁加大抗灾能力的公共和私人投资，特别是通过结构性、非结构性和功能性的措施，减少重要基础设施（尤其是学校和医院）的风险。其全球目标（d）中亦认可了学校安全的重要性："到2030年，通过提高抗灾能力等办法，大幅减少灾害对重要基础设施的损害以及基础服务包括卫生和教育设施的中断"。[①] 此外，在联合国大会于2015年9月25日通过的《2030年可持续发展议程》中，呼吁会员国和国际组织"升级教育设施，以提供安全有效的学习环境"，以确保全纳和公平的优质教育，并促进所有人享有终身学习机会。[②]

为了支持各国制定和实施保障学校安全的行动计划，联合国各相关机构以及关注该议题的国际非政府组织于2013年联合成立了"教育领域减灾和韧性全球联盟"（Global Alliance for Disaster Risk Reduction and Resilience in the Education Sector）。该联盟致力于通过全面的学校安全框架（Comprehensive School Safety Framework）实现所有的学校都安全以及为学习者创造安全与韧性的文化环境。全面的学校安全框架总目标是：保护学校

---

① 联合国：《2015~2030年仙台减少灾害风险框架》，2015，https：//www.unisdr.org/files/resolutions/N1509742.pdf，最后访问日期：2021年12月20日。

② 联合国：《2030年可持续发展议程》，2015，https：//www.cn.undp.org/content/china/zh/home/sustainable-development-goals.html，最后访问日期：2021年12月20日。

中的学生和教职工远离伤亡、免受伤害；制定完善的持续教学计划，确保教学不受任何可预见灾害的影响；保护教育领域的投资，通过教育提升减灾能力和抗灾韧性。它建立在以儿童为中心的多灾种风险评估、教育部门分析，以及与教育和灾害管理部门的政策、计划相结合的基础之上，包括了"三大支柱"：一是安全的学习设施；二是学校灾害管理；三是减灾及抗灾韧性教育。① 此外，联合国减灾署发起的"全球安全学校计划"（World Initiation for Safe Schools）是由政府主导的全球合作伙伴关系，旨在确保政治承诺并促进全球安全学校计划的实施，激励和支持政府结合全面的学校安全的三个支柱来制定和实施国家学校安全政策和计划。截至2021年底，全球有包括中国在内的60余个国家加入该计划，共同促进学校安全的全球发展。②

（二）国内相关法律和政策进展

1. 2007~2021年发布的相关法律和政策（见表1）

表1　中国2007~2021年发布的相关法律和政策

序号	名称	发文单位	年份
1	《关于加强中小学幼儿园安全风险防控体系建设的意见》	国务院办公厅	2017
2	《关于做好学校食品安全与传染病防控工作的通知》	教育部办公厅	2017
3	《关于开展农村义务教育学生营养改善计划专项督导的通知》	教育部	2017
4	《教育部关于开展中小学（幼儿园）校车安全隐患排查整治工作的紧急通知》	教育部	2017
5	《加强中小学生欺凌综合治理方案》	教育部等十一部门	2017

---

① 联合国减灾署（UNISDR）：Comprehensive School Safety Framework，2017，https：//www. preventionweb. net/files/31059_ 31059comprehensiveschoolsafetyframe. pdf，最后访问日期：2022年3月22日。

② Global Alliance for Disaster Risk Reduction and Resilience in the Education Sector，"Worldwide Initiative for Safe Schools"，https：//gadrrres. net/what－we－do/gadrrres－global－activities/worldwide-initiative-for-safe-schools，最后访问日期：2022年3月22日。

续表

序号	名称	发文单位	年份
6	《义务教育学校管理标准》	教育部	2017
7	《关于防范学生溺水事故的预警通知》	教育部办公厅	2018
8	《关于加强大中小学国家安全教育的实施意见》	教育部	2018
9	《关于开展校园不良网贷风险警示教育及相关工作的通知》	教育部办公厅	2018
10	《综合防控儿童青少年近视实施方案》	教育部、国家卫生健康委员会等	2018
11	《关于进一步加强中小学(幼儿园)预防性侵害学生工作的通知》	教育部办公厅	2018
12	《关于加强流感等传染病防控和学校食品安全工作的通知》	教育部办公厅	2019
13	《儿童个人信息网络保护规定》	国家互联网信息办公室	2019
14	《教育部等五部门关于完善安全事故处理机制 维护学校教育教学秩序的意见》	教育部、最高人民法院、最高人民检察院、公安部、司法部	2019
15	《学校食品安全与营养健康管理规定》	教育部、国家市场监督管理总局、国家卫生健康委员会	2019
16	《关于落实主体责任强化校园食品安全管理的指导意见》	国家市场监管总局办公厅、教育部办公厅、国家卫生健康委办公厅、公安部办公厅	2019
17	《校园食品安全守护行动方案(2020—2022年)》	教育部、国家市场监管总局、公安部、国家卫生健康委	2020
18	《中华人民共和国未成年人保护法》(2020修订)	全国人大常委会	2020
19	《大中小学国家安全教育指导纲要》	教育部	2020
20	《教育部等六部门关于联合开展未成年人网络环境专项治理行动的通知》	教育部、国家新闻出版署、中央网信办、工业和信息化部、公安部、国家市场监管总局	2020
21	《中小学校和托幼机构新冠肺炎疫情防控技术方案》	国家卫生健康委办公厅、教育部办公厅	2020
22	《中小学教育惩戒规则(试行)》	教育部	2020

续表

序号	名称	发文单位	年份
23	《关于加强中小学生手机管理工作的通知》	教育部办公厅	2021
24	《关于做好 2021 年中小学幼儿园安全管理工作的通知》	教育部办公厅	2021
25	《防范中小学生欺凌专项治理行动工作方案》	教育部办公厅	2021

资料来源：由课题组根据 2007~2021 年政府各部门发布的学校安全相关法律和政策整理而成。

2016 年 4 月发布的《关于开展校园欺凌专项治理的通知》是国家层面的第一个针对学生欺凌问题的文件，自此开始，我国制定了多项相关政策以治理学生欺凌问题，加强教育行政部门对学生欺凌的综合治理。2017 年，教育部等十一部门联合发布的《加强中小学生欺凌综合治理方案》首次明确界定了学生欺凌的内涵，认为："中小学生欺凌是发生在校园（包括中小学校和中等职业学校）内外、学生之间，一方（个体或群体）单次或多次蓄意或恶意通过肢体、语言及网络等手段实施欺负、侮辱，造成另一方（个体或群体）身体伤害、财产损失或精神损害等的事件。"[①] 国务院教育督导委员会办公室将 2018 年确定为中小学生欺凌防治落实行动年，对中小学生的学生欺凌问题开展专项治理和督导。可见，无论从政策引领层面出发，还是从实践需求层面来讲，对于中小学生欺凌的关注和研究都具有显著的必要性和迫切性。

2021 年 1 月 21 日，教育部官网发布教育部办公厅关于印发《防范中小学生欺凌专项治理行动工作方案》的通知。通知指出，近年来，各地在中小学生欺凌行为治理工作中取得了积极成效。但有的地方学生欺凌事件仍时有发生，严重损害学生身心健康，引发社会广泛关注，影响非常恶劣。为持续深入做好中小学生欺凌防治工作，着力建立健全长效机制，教育部印发《防范中小学生欺凌专项治理行动工作方案》，开展防范中小学生欺凌专项

---

① 《教育部等十一部门关于印发〈加强中小学生欺凌综合治理方案〉的通知》，中华人民共和国教育部官网，2017 年 11 月 23 日，http://www.moe.gov.cn/srcsite/A11/moe_ 1789/201712/t20171226_ 322701.html，最后访问日期：2022 年 4 月 10 日。

治理行动。①

为让校园成为最阳光、最安全的地方，该方案中所要求的专项治理行动分为三个阶段进行。第一阶段是要在 2021 年 3 月底前完成部署摸底工作，摸清当前学生欺凌防治工作中存在的问题，建立台账，明确整改措施。第二阶段为集中整治阶段，要求在 2021 年 6 月底前针对摸排结果，对发现的问题开展集中治理，依法依规做好欺凌事件的调查处置工作，健全完善防治工作机制和制度措施。第三阶段为督导检查阶段，国务院教育督导委员会办公室对各地治理行动开展情况进行抽查，及时向社会通报有关情况，该工作要在 2021 年 7 月底前完成。该方案中提到的六项工作任务包括：全面排查欺凌事件、及时消除隐患问题、依法依规严肃处置、规范欺凌报告制度、切实加强教育引导和健全长效工作机制。②

2016~2021 年，针对学生欺凌的《关于开展校园欺凌专项治理的通知》（2016）、《关于防治中小学生欺凌和暴力的指导意见》（2016）、《加强中小学生欺凌综合治理方案》（2017）、《关于开展中小学生欺凌防治落实年行动的通知》（2018）、《防范中小学生欺凌专项治理行动工作方案》（2021）等政策文件相继出台。从通知到指导意见到行动工作方案，这些文件的出台对学生欺凌的防治工作提出了更为细致和专业的要求，并且提供了更加具体的实施要求和细则。《防范中小学生欺凌专项治理行动工作方案》是在总结我国前期学生欺凌防治问题经验的基础上，从顶层设计角度为完善防学生欺凌机制做出的工作方案。

学生欺凌事件是学生成长过程中的一道阴影，它不仅会伤害身体，更大的伤害在于对学生心灵的伤害。对于欺凌行为容忍、消极对待就会导致欺凌行为不断地重复上演，严厉打击学生欺凌行为已经成为学校、教师、家长共

---

① 《教育部办公厅关于印发〈防范中小学生欺凌专项治理行动工作方案〉的通知》，中华人民共和国中央人民政府官网，2021 年 1 月 20 日，http://www.gov.cn/zhengce/zhengceku/2021-01/27/content_5583068.htm，最后访问日期：2022 年 4 月 11 日。

② 《教育部办公厅关于印发〈防范中小学生欺凌专项治理行动工作方案〉的通知》，中华人民共和国中央人民政府官网，2021 年 1 月 20 日，http://www.gov.cn/zhengce/zhengceku/2021-01/27/content_5583068.htm，最后访问日期：2022 年 4 月 11 日。

同关注的话题。引发学生欺凌的原因是多方面的，因此应采取复合方式才能有效防治与应对学生欺凌这一学校安全难题，《防范中小学生欺凌专项治理行动工作方案》也是从行动的实施延伸到长效机制的健全来确保学生欺凌问题的解决。但该行动工作方案中所明确的相关部门是否能够真正各司其职，每个阶段的工作内容是否能够真正具体落实，还有待对实施结果的检验。

此外，教育惩戒长期以来都是一个社会瞩目的热点问题。教师针对学生不当行为采取的惩戒措施如果超越了法律的界限，就有可能构成体罚或者变相体罚，侵犯学生的权益。其中部分体罚可能会造成对学生不同程度的伤害，近年来的变相体罚或者违反程序地惩戒学生甚至造成了一些学生自杀的安全事故。2019年6月，《中共中央国务院关于深化教育教学改革全面提高义务教育质量的意见》明确提出对制定教育惩戒有关实施细则的要求。2020年12月23日，教育部在前期调研、征询意见的基础上制定颁布《中小学教育惩戒规则（试行）》（教育部令第49号，下文简称《规则》），自2021年3月1日起施行，旨在将教育惩戒纳入法治轨道，贯彻党的教育方针，落实学校立德树人的根本任务。

《规则》首次对教育惩戒的概念进行了定义，教育惩戒是"学校、教师基于教育目的，对违规违纪学生进行管理、训导或者以规定方式予以矫治，促使学生引以为戒、认识和改正错误的教育行为"，定义明确了教育惩戒是学校和教师行使法定权利的一种具体教育方式。《规则》的制定主要解决当前学校中的两类问题：一是当前一些学校和老师对学生不敢管、不愿管和放任的管理现象，这显然没有完全履行教师自身职责；二是要解决不善管、不当管的问题。除了不敢管外，还有一些教师对学生滥用教育惩戒，例如体罚、变相体罚、侮辱等，这些惩戒过度的行为也亟须规范。《规则》对教育惩戒的概念、对学生实施教育惩戒的具体行为、学校和教师可以采取的惩戒措施以及教育惩戒的程序等方面都做了说明，极大地规范了教育惩戒的实施。

《规则》让教师可以有底气地、放心地实施教育惩戒，有效解决了学校和教师不敢管、不愿管的问题。同时《规则》第十二条规定了教师在教育教学管理、实施教育惩戒过程中，不得实施的行为，具体包括：以击打、刺扎等方式直接造成身体痛苦的体罚；超过正常限度的罚站、反复抄写，强制做不适的动作或者姿势，以及刻意孤立等间接伤害身体、心理的变相体罚；辱骂或者以歧视性、侮辱性的言行侵犯学生人格尊严；因个人或者少数人违规违纪行为而惩罚全体学生；因学业成绩而教育惩戒学生；因个人情绪、好恶实施或者选择性实施教育惩戒；指派学生对其他学生实施教育惩戒；其他侵害学生权利的行为。《规则》所规定的教师行为底线明确了教育惩戒边界，避免了教师因"尺度不清"而对学生滥施体罚，保障了教师实施教育惩戒能在合法的范围内进行，让学生在合理适度的惩戒方式下有所改进。由此可见，《规则》在力挺"教育惩戒权"之外，也对"师权"扩张成"威权"的可能风险给予了足够的警惕与提防。

另外，《规则》中有一点对学校安全工作的开展大有裨益。《规则》特别指出：教师、学校发现学生携带、使用违规物品或者行为具有危险性的，应当采取必要措施予以制止；发现学生藏匿违法、危险物品的，应当责令学生交出并可以对可能藏匿物品的课桌、储物柜等进行检查；教师、学校对学生的违规物品可以予以暂扣并妥善保管，在适当时候交还学生家长，属于违法、危险物品的，应当及时报告公安机关、应急管理部门等有关部门依法处理。这是国家首次对管制刀具排查这类事件做出规定，并且以对违规物品的暂扣保管取代了没收的表达，这对今后学校开展教育教学尤其是学校安全工作提供了很好的支持。

2. 2020~2021年关注和讨论的热点

（1）教育惩戒，度在哪儿

教育惩戒是一个动态的过程，由实施主体借助一定的规范、准则力量，通过相应的形式，实现对被惩戒者意识和行为的影响，从而实现教育目的。首先是确定实施对象的边界。其一，学生的偏差行为分为有意识行为和无意识行为，应有所区分。其二，实施对象应尽可能地处于公平的环境中。其三，存在偏差行为的学生不应该成为被惩戒的对象，避免"连坐制"，避免

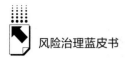

将群体作为惩戒对象，因为这容易使学生群体内部产生不公平感。其次是教育惩戒实施的边界。近年来，许多一线教师不愿行使教育惩戒权，不敢惩戒违规违纪学生，一方面与以往长期以来缺乏权威、明确、可操作、易把握的教育惩戒规则有关，另一方面，也与少数教师滥用教育惩戒，体罚和变相体罚学生带来的诸多不良社会影响有关。老师出于教育教学管理的需要，在学生有违纪或不完成作业等情形需要进行教育惩戒时，切记不能体罚、变相体罚或者侮辱学生，惩戒程度与过错程度相适应，这是老师要坚守的底线。最后，教育惩戒的度应该遵循最小比例原则。若可以带来相似的惩戒效果，应实施程度最低的惩戒。[1]

（2）学生欺凌何时休

2019 年上映的电影《少年的你》将社会中一个阴暗的角落展现在了我们面前。迄今为止，我国中小学学生欺凌事件呈现增长趋势，欺凌事件性质恶劣、手段残忍、侮辱性强，引起了社会对学生欺凌的持续关注。欺凌事件给教育系统内造成的压力严重危及校园安全。如若一味容忍欺凌行为，采用消极的态度对待，欺凌行为的数量将会不断增长。肢体欺凌、言语欺凌、关系欺凌、财物欺凌和网络欺凌是校园欺凌的五种形态，对于学生欺凌的防治就是要"快"，这是非常重要的一点。因此需从不同的角度进行治理。于欺凌者，完善惩罚机制；于旁观者，激发其正义感，观看欺凌行为置之不理者也应受到处分与惩罚；于受害者，需进行专业有效的保护，避免其第二次遭受侵害。[2]

（3）舌尖上的安全

校园食品安全对于学生的身体健康和生命安全至关重要，对保障学校和谐稳定具有重要作用，在一定程度上也是维护社会稳定的重要条件之一。2019 年，教育部、国家市场监督管理总局、国家卫生健康委员会下发《学生食品安全与营养健康管理规定》，该规定中建议可以实行教师

① 杜学爽：《教师教育惩戒的实施边界探析》，《中小学德育》2021 年第 2 期，第 13~16 页。
② 林进材：《校园欺凌行为的类型与形成及因应策略之探析》，《湖南师范大学教育科学学报》
2017 年第 1 期，第 1~6 页。

陪餐制度，每餐均应当有学校相关负责人与学生共同用餐，做好相关记录，及时发现和解决集中用餐过程中存在的问题。[①] 这在一定程度上保障了学生食品的安全，但是此制度并不是长久之计，治标不治本。因此，需要建立更加全面的食品安全管理监督制度，科学有效地应对校园食品安全事件。

（4）学生自杀是为何

近年来，关于中小学生自杀等非正常死亡案件的报道屡见不鲜，这些事件的发生不仅给其家庭造成巨大打击，也给社会招致很多暗藏的祸患。有研究机构认为中小学生自杀的原因，排在前两位的是家庭矛盾与学业压力，占比分别为33%、26%，其他原因主要有师生矛盾（16%）、心理问题（10%）、情感纠纷（5%）、校园欺凌（4%）、其他问题（6%）。[②] 在校园内，学习压力大，极易造成焦虑抑郁。一些学校盲目地追求升学率，在以应试教育为主的影响下，来自家庭、学校、社会的压力最终全部落到身心还未成熟的中小学生身上，导致越来越多的中小学生有焦虑、抑郁及自杀意念的存在。近年来，中小学生的心理健康问题受到越来越多的关注。

（5）手机如何管理

为保护学生视力，让学生在学校专心学习，防止沉迷于网络和游戏，促进学生身心健康发展，中小学生原则上不得将个人手机带入校园。确有需求的，须经家长同意且应当提出书面申请，进校后学生个人手机应当交由学校统一保管，禁止带入课堂。[③] 电视剧《小欢喜》中有个片段，学生在课上玩手机，老师将手机从窗户扔了出去，学生也跟着跳了下去，虽然最后人无

---

① 《教育部、市场监管总局、卫生健康委联合印发〈学校食品安全与营养健康管理规定〉》，中华人民共和国教育官网，2021 年 12 月 8 日，http：//www.moe.gov.cn/jyb_ xwfb/gzdt_ gzdt/s5987/201903/t20190321_ 374580.html，最后访问日期：2022 年 4 月 11 日。

② 陈梦缘：《浅析当前中小学生非正常死亡的原因及对策建议》，《现代交际》2019 年第 1 期。

③ 《中小学生原则上不得将个人手机带入校园》，中华人民共和国教育部官网，最后访问日期：2021 年 2 月 3 日，http：//www.moe.gov.cn/jyb_ xwfb/s5147/202102/t20210203_ 512353.html，2022 年 4 月 11 日。

事，却也令人后怕。这个片段在现实中也是真实存在的，因此，学校应当采取多种方式引导学生，培养学生正确合理使用手机的理念，避免简单粗暴的管理方式和行为。

三　中国学校安全的实践现状分析①

（一）安全的学习设施

总体来看，中国目前的学校建筑设施不仅规模大，而且增长速度非常快。同时，中国对于新建学校的规划、设计和建设采取了严格的要求和标准。所以绝大部分的学校建筑和设施基本能保障教育教学的安全要求。此外，2008 年四川大地震之后，中国开展了校安工程，即对全国各级各类学校的危房进行了抗震加固。这些对于保障学校安全都有非常大的帮助。但是，出于历史的原因，全国的学校校舍之中还存在极少量的危房，这对于学生的安全还存在一定的威胁。以下从学校的修建和维护、非结构性减灾、学校作为紧急避难场所三个方面具体分析安全的学习设施现状。

1. 学校修建和维护

根据《国务院办公厅关于加强中小学幼儿园安全风险防控体系建设的意见》的要求，学校建设规划、选址要严格执行国家相关标准规范，对地质灾害、自然灾害、环境污染等因素进行全面评估。各地要建立健全校舍安全保障长效机制，保证学校的校舍、场地、教学及生活设施等符合安全质量和标准。校舍建设要严格执行国家建筑抗震有关技术规范和标准，有条件建设学校体育馆的地方，要按照国家防灾避难相关标准建设。校园工程质量实行终身责任制，凡是在校园工程建设中出现质量问题、导致严重后果的建

---

① 该部分内容来自中国教育科学研究院教育法治与标准研究所、中国教育学会中小学安全教育与安全管理专业委员会、国际救助儿童会（英国）北京代表处组成的课题组编写的《中国学校安全现状分析报告》（2019）。该报告采用了"全面的学校安全框架"的三个支柱作为分类标准。本文作者是该课题组的主要作者。

设、勘察、设计、施工、监理单位，一旦查实，承担终身责任并限制进入相关领域。[①] 2020 年，教育部、住房和城乡建设部等部门合并修订 2002 年出台的《城市普通中小学校校舍建设标准》和 2008 年出台的《农村普通中小学校建设标准》，将其统一为《普通中小学校建设标准》，努力消除城乡学校在建设标准上的差距，提升乡村学校建设水平。这对于确保学校建筑质量的安全性起到了积极的作用。

2001 年以来，国务院统一部署实施了农村中小学危房改造、西部地区农村寄宿制学校建设和中西部农村初中校舍改造等工程，提高了农村校舍质量，农村中小学校面貌有很大改善。但一些地区中小学校舍有相当部分达不到抗震设防和其他防灾要求。[②] 自 2009 年起，中国在全国范围内统一开展了中小学校舍安全工程。中小学校舍安全工程的目标是：在全国中小学校开展抗震加固、提高综合防灾能力建设，使学校校舍达到重点设防类抗震设防标准，并符合对山体滑坡、崩塌、泥石流、地面塌陷和洪水、台风、火灾、雷击等灾害的防灾避险安全要求。2009~2011 年，中央安排专项资金 280 亿元，支持重点地区义务教育阶段学校实施校安工程，使该项工程得以圆满完成。联合国秘书长减灾事务特别代表瓦尔斯特隆（Margarwta Wahlström）女士专门来函，对此项工作给予了充分肯定，认为"这是一项可与其他国家分享的十分重要的措施"。[③]

2. 非结构性减灾

近些年，中国学校非常重视学校的非结构性安全问题。各级各类学校在实践当中采取各种方式减少非结构性风险对学生的伤害。例如近些年学校的

---

① 《国务院办公厅关于加强中小学幼儿园安全风险防控体系建设的意见》（国办发〔2017〕35号），中华人民共和国中央人民政府官网，2017 年 4 月 25 日，http://www.gov.cn/zhengce/content/2017-04/28/content_ 5189574. htm，最后访问日期：2022 年 4 月 11 日。

② 《国务院办公厅关于印发全国中小学校舍安全工程实施方案的通知》（国办发〔2009〕34号），中华人民共和国中央人民政府官网，2016 年 9 月 21 日，http://www.gov.cn/zhengce/content/2016-09/21/content_ 5110411. htm，最后访问日期：2021 年 12 月 20 日。

③ 《全国中小学校舍安全工程推进有序成效显著——全国校安办有关负责人答记者问》，中华人民共和国教育部官网，2012 年 6 月 28 日，http://www.moe.gov.cn/jyb_ xwfb/s271/201206/t20120628_ 138417. html，最后访问日期：2021 年 12 月 20 日。

塑胶跑道污染问题越来越受到重视。2018 年 5 月，《中小学合成材料面层运动场地》（GB 36246-2018）发布，该标准于 11 月 1 日正式实施。[①] 随着该标准的实施，毒跑道对学生的伤害情况逐渐得到杜绝。另外，中国的很多学校，尤其是幼儿园，非常重视对一些设施、材料的软化处理，尽量避免导致学生受伤。但是值得引起重视的是，近些年中国的中小学发生了一些因教育教学设施存在安全隐患而导致学生伤亡的事件，例如学校操场篮球架倒塌导致学生死亡。中国的中小学往往重视建筑物在地震安全中的安全，但忽视了校舍内部（装饰和教育教学设施）和建筑的非结构性部分（天花板、暖气、空调、储水装置等）也可能在地震中导致伤亡。而这方面到 2021 年为止还没有相关的政策或指导性文件。所以，学校内部的非结构性安全，即校舍内部设施设备的安全需要引起重视。

2020~2021 年，中国的中小学校中，水电等基础设施一般都能够得到基本的保障，能够确保学校的正常运行以及师生的正常需求。但值得注意的是，在一些偏远地方的学校，出于自然环境等方面的原因，学校用水还存在困难，所以解决这些学校的用水问题将是这些地方学校今后安全工作的重点之一。

3. 学校作为紧急避难场

当前中国的避难场所主要有两种，第一种是在学校设立的相关避难场所，第二种是利用社区的相关避难场所。近年来，中国越来越重视学校自身避难场所的建设。在 2013 年雅安地震等灾害中，学校都发挥了避难场所的重要作用，为学校周围社区的居民提供了避难的场所。甚至在一些抗灾抢险中，灾害救援的指挥中心就临时设立在学校。其中，学校的体育场馆、教室、宿舍等都可以为避难者提供住宿、休息、医疗的地点和相关的物资。目前，中国的很多地方都将学校的操场作为学校的临时避难场所，但是学校的操场作为避难场所也往往因为面积过小或者距离建筑物过紧，存在一定的隐

---

① 《〈中小学合成材料面层运动场地〉今日起执行新国标》，百家号，2018 年 11 月 1 日，https://baijiahao.baidu.com/s? id=1615923899613623169&wfr=spider&for=pc，最后访问日期：2021 年 12 月 20 日。

患。另外，学校与社区在避难地点、设施设备使用方面还缺乏协调和合作。2020～2021 年，受新冠肺炎疫情影响，也鲜有学校被用作紧急避难场所的情况。

（二）学校安全管理

同发达国家相比较，中国的学校安全管理起步较晚。但是近 20 年来，学校安全的管理受到了政府和社会的高度关注。多项涉及学校安全管理的法律法规出台，对保障学校安全起到了积极的作用。但是，从 2020～2021 年的总体情况来看，中国的学校安全管理的标准化和规范化还有待于进一步加强，学校的安全教育内容还有待于进一步实用化，全社会对学校的安全工作的参与还有待于进一步拓展。同时，学校安全的高层级立法也有待于早日出台。当前，学校的安全管理已经成为学校内部管理的一项重要内容。有的学校专门设置了负责学校安全管理的领导，负责统筹整个学校的安全管理事项。同时，教育部还专门制定了《中小学安全岗位职责分工手册》，对学校中每一名教职工都规定了具体的安全职责范畴。目前全国的各级各类学校都在进一步组织教师针对自己的安全职责进行学习和落实。

在 2020～2021 年的学校安全管理当中，一些学校充分发挥学生的作用。例如：有的学校组织一些学生在课间、上下学的时候协助教师维护秩序，制止不安全的行为；还有的学校在班级中专门设置负责班级安全的学生干部，协助教师进行安全隐患排查、维护安全秩序。同时，一些社区志愿者和学生家长也参与到学校的安全工作尤其是学生上下学的秩序维护当中。但是这项工作目前并非强制性的，所以全国学校开展的情况并不完全一样。本部分重点分析学校的风险评估、备灾工作和安全管理能力培养的实践现状。

1. 学校风险评估

《国务院办公厅关于加强中小学幼儿园安全风险防控体系建设的意见》中也要求健全学校安全预警和风险评估制度。教育部门要会同相关部门制定区域性学校安全风险清单，建立动态监测和数据搜集、分析机制，及时为学校提供安全风险提示，指导学校健全风险评估和预防制度。要建立台账制

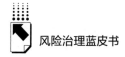

度，定期汇总、分析学校及周边存在的安全风险隐患，确定整改措施和时限；在出现可能影响学校安全的公共安全事件、自然灾害等风险时，要第一时间通报学校，指导学校予以防范。[①] 目前，全国各级各类学校和相关部门正在加以落实和完善。

中国高度重视学校的环境与硬件建设，并以此来消除相关的风险。2020~2021 年的相关发展情况有以下几个特点。首先，中国对于学校的环境与硬件设备，有很多国家与地方的规定和标准。其次，中国的学校非常重视学校环境与硬件的安全检查，形成了定期检查与安全检查相结合、校内人员检查与校外人员检查相结合的安全检查体系。再次，中国的学校对于学校发现安全隐患要求及时报告和及时解决。学校对于校内发现的安全隐患必须在第一时间加以解决，对于超越学校能力的安全隐患，学校也必须在第一时间向有关部门报告。最后，国家和地方各级政府针对学校安全开展了一系列的专项行动，并投入了相应的经费予以支持。例如北京市的幼儿园由政府投入专门设置了安全监控系统，并且和公安机关联网，用于确保幼儿园的安全。但值得注意的是，近些年有极个别的学校发生了围墙倒塌、护栏毁坏致使学生受伤的事故。这提醒我们要将学校的环境硬件建设与安全隐患排查、岗位职责等充分结合，多方位地防范学校安全事故。

2. 学校的备灾工作

2014 年 2 月 22 日，教育部颁布了《中小学幼儿园应急疏散演练指南》。在此之前，中国学校的演练没有统一的指导和规范。在该指南颁布之后，中小学应急演练的组织和管理水平得到了很大的提升，同时，对于提高教师和学生的安全意识和应急避险能力，培养学生的安全素养，起到了积极的作用。该指南将学校的演练划分为三个阶段。第一个阶段是演练的准备阶段。在这个阶段，学校需要制定演练的方案，成立演练组织机构，同时进行演练前的安全教育及其他准备工作。第二个阶段是演练实施阶段，内容包括避险

---

① 《国务院办公厅关于加强中小学幼儿园安全风险防控体系建设的意见》，中国政府网，2017 年 4 月 28 日，http://www.gov.cn/zhengce/content/2017-04-28/content_ 5189574. htm，最后访问日期：2021 年 12 月 20 日。

科目和实施科目。第三个阶段是演练总结阶段，对演练的效果进行评估，对演练的过程进行总结，对演练中的问题加以解决。[①] 2014~2021 年，学校的管理者和教师经过大量的预案演练，具备了事故之后进行处置的基本能力。同时，教育部委托中国教育学会研制发布了《中小学幼儿园应急疏散演练规程（试用）》，该规程对于演练的进一步规范化、实用化将起到重要的作用。2020~2021 年，全国多地都针对中小学管理者和教师开展了相关的培训。

3. 学校管理者和教师在学校安全管理方面的能力培养

目前在中国，针对学校管理者和普通教师的安全培训已经普遍开展起来。学校的管理者和教师一般情况下都接受过法律法规、常见事故的预防与应对等相应的安全教育。当前学校教职工安全教育的形式主要有三种。第一种是专家面授，邀请专家对学校或者某区域内学校的教职工进行培训。第二种是学校自行组织的培训，由学校的管理人员或者在校外接受过安全培训的教师在学校对其他教师进行二级培训。第三种是利用互联网上的安全教育资源对教师进行远程教育培训，例如中国教育学会安全教育平台专门开设了针对学校管理者和教师的安全教育栏目。但是在学校的安全培训中，还存在着一定的问题。例如培训的质量还有待提高，另外对全国各地针对学校的安全培训频率也没有统一的规定。同时，目前学校安全培训主要是针对学校内部的安全管理，很多教师还没有将安全培训中的知识和技能用到自己的家庭备灾当中。

（三）风险减轻和韧性教育

2000 年之前，中国的学校缺乏针对学生的系统的安全教育。自 2000 年起，学校的安全教育随着学校安全工作的不断完善也日益受到教育行政部门和学校的重视，各级各类学校普遍将安全教育作为学校教育当中非常重要的

---

① 《教育部办公厅关于印发〈中小学幼儿园应急疏散演练指南〉的通知》（教基一厅〔2014〕2 号），中华人民共和国教育部官网，2014 年 2 月 28 日，http://www.moe.gov.cn/srcsite/A06/s3325/201402/t20140225_ 164793.html，最后访问日期：2022 年 4 月 11 日。

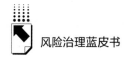

一个组成部分。2007 年，国务院转发了《中小学公共安全教育指导纲要》，从而将学校安全教育的内容和形式进行了规范，标志着中国的学校安全教育进入了一个新的阶段。但是 2020~2021 年的现状也显示出中小学的安全教育中还存在着一些问题，例如中小学的安全教育教材质量有待提高，中小学安全教育的课时有待保障，中小学安全教育的师资有待补充，中小学安全教育的设施设备有待健全。目前虽然针对中小学生的各种安全教育正在不断地加强，但是仍有一定数量的中小学生不具备正确的安全知识，这给他们的人身安全带来了极大的隐患。

1. 正规教育

在中国，安全教育是学校安全工作当中非常重要的部分。目前安全教育在全国的学校并没有统一的课程和教材，学校主要是通过地方课程和学校课程来开展安全教育的。在学校中，一方面安全教育通过其他学科教学的渗透，例如在地理课中渗透地质灾害的预防与应对教育，在道德与法治课中进行相关法律知识和与人相处的安全教育；另一方面学校也都普遍设置了安全教育课。

在中国的安全教育当中，通过互联网实施的远程安全教育发挥了很大的作用。其中，在中国影响力最大的是中国教育学会安全教育平台。该平台制作了大量中小学生安全教育的视频课程，极大地弥补了当前中小学校安全教育资源不足的问题。例如该平台针对当前中小学生溺水事故多发且对生命威胁非常大的现状，制作了预防溺水事故的教育专题，为减少中小学生溺水发挥了积极的作用。截至 2020 年，全国共计 27 万多所中小学和幼儿园加入了该平台，利用平台的资源组织中小学生及其家长学习相应的安全知识。

2. 非正规教育和社会组织参与

截至 2021 年，中国对于非正规教育的安全教育还没有统一的规定，一般情况下都是由一些社会组织自行开发学生的安全教育教材，并对学生进行相关的安全教育。例如联合国儿童基金会、救助儿童会、国际计划、世界宣明会、壹基金、中国扶贫基金会等组织都在全国的不同地区支持了教育部门和学校的安全教育工作。从他们提供的服务类型来看：一方面，他们为学生提供了一些安全教育的教材；另一方面，他们也为老师提供了安全教育方面的培训和资料，帮助老师提高自身的相关能力。有些机构还支持学校建立安全教室、为学校提供备灾物资、协助学校举办安全教育活动（如相关主题的亲子运动会）、组织志愿者在学校中进行安全教育等。从它们服务的对象来看，大多数组织都关注中小学阶段的安全教育，也有少数组织重点为幼儿园提供服务。

基于社会组织在学校安全领域多年的实践，国内的相关行业领先机构共同发起成立风险治理与教育创新网络。2019 年发起成立以来，风险治理与教育创新网络面向相关部门、教育机构、国内外相关社会组织以及联合国机构、私营企业和其他积极致力于提升中国学校安全的单位开放。该网络希望搭建一个综合性交流平台，旨在提高以儿童为中心的减灾和学校安全领域的发展能力，促进中国的各利益相关方在学校安全议程上达成共识、构建促进变革的共同愿景。2020 年，该网络在新冠肺炎疫情期间支持应急管理部国家减灾中心开发了《家庭应急手册》和《社区应急指导手册》，以"新冠肺炎疫情背景下教育系统应对的现状与展望"为主题开展了两期线上工作坊，并把优秀案例整理成了案例集。

（四）2020年新冠肺炎疫情期间教育的开展

1. 新冠肺炎疫情期间复课情况①

疫情发生后，中国各地各级教育部门迅速采取停课措施并为学生提供在线教学，在防止疫情持续扩散和确保学生和学校教职工安全的同时最大限度保障了教育不被疫情中断。早在 2020 年 2 月 25 日，国务院应对新冠肺炎疫情联防联控机构面向全国发布《关于依法科学精准做好新冠肺炎疫情防控工作的通知》，该通知包括 11 个附件（针对各级各部门的防控技术方案），其中附件 9《托幼机构新冠肺炎防控技术方案》、附件 10《中小学新冠肺炎

---

① 本小节内容是根据救助儿童会、北京师范大学风险治理创新研究中心、风险治理与教育创新网络共同于 2020 年 8 月举办的两期"新冠肺炎疫情背景下教育系统应对的现状与展望"线上工作坊中国教育学会中小学安全教育与安全管理专业委员会理事长李雯教授发言的内容做的整理和节选。

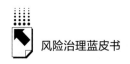
防控技术方案》和附件 11《大专院校新冠肺炎防控技术方案》针对各级各类学校疫情的防控技术要点、防范规定做了明确规定。① 3 月 12 日，教育部应对疫情工作领导小组办公室又发布了《幼儿园新型冠状病毒肺炎防控指南》、《中小学校新型冠状病毒肺炎防控指南》和《高等学校新型冠状病毒肺炎防控指南》。② 该系列指南依据科学防治、依法管理、分类指导、家校联防、教医联控原则，明确了新型冠状病毒相关基础知识、学校疫情防控工作体系构建、开学前后疫情防控工作等内容，操作性强，对学校做好应对疫情工作具有较好指导意义。到了春季学期临近期末时，面对常态化的疫情防控，教育部和国家卫健委就综合前期的相关要求在 6 月 12 日发布了《疫情防控常态化下复学复课工作 20 问》③，以问答的方式把在日常工作中校园防控需要注意的要点和注意事项加以强调，更加细致地强化复学复课工作的开展与实施。针对秋季学期开学方面，6 月 19 日，教育部印发《关于做好学校 2020 年暑期放假及秋季开学工作的通知》，要求各地和学校在做好疫情防控的同时，推动全面恢复教育教学秩序，继续落实"错区域、错层次、错时、错峰"返校原则，提早制定秋季开学返校工作方案，可加大老生返校与新生报到的间隔。④ 在疫情防控形势好转后，从国家到地方的各级教育部门、学校以及社会组织也为学校安全复课做出了诸多努力。2020 年 8 月 27 日上午，教育部召开新闻发布会，教育部应对新冠肺炎疫情工作领导小组办公室主任王登峰在发布会上表示：从春季学期开始，实行了"停课不停学

---

① 《关于依法科学精准做好新冠肺炎疫情防控工作的通知》（联防联控机制发〔2020〕28 号），中华人民共和国中央人民政府官网，2020 年 2 月 25 日，http：//www.gov.cn/xinwen/2020-02/25/content_ 5483024.htm，最后访问日期：2022 年 4 月 11 日。

② 《幼儿园、中小学校和高等学校新型冠状病毒肺炎防控指南出版上线》，中华人民共和国教育部官网，2020 年 3 月 12 日，http： //www.moe.gov.cn/jyb_ xwfb/gzdt_ gzdt/s5987/202003/t20200312_ 430163.html，最后访问日期：2022 年 4 月 11 日。

③ 《抓紧抓实抓细疫情防控——教育部 国家卫生健康委印发〈疫情防控常态化下复学复课工作20 问〉》，中华人民共和国教育部官网，2020 年 6 月 12 日，http：//www.moe.gov.cn/jyb_ xwfb/gzdt_ gzdt/s5987/202006/t20200612_ 465533.html，最后访问日期：2022 年 4 月 11 日。

④ 《坚持"安全、正常、全面"原则 科学精准防控疫情 平稳有序推进秋季开学》，中华人民共和国教育部官网，2020 年 8 月 27 日，http：//www.moe.gov.cn/fbh/live/2020/52320/sfcl/202008/t20200827_ 480442.html，最后访问日期：2021 年 9 月 17 日。

不停教",实行线上教学;随着疫情防控形势的好转,春季学期陆续开学,全国2.8亿名学生,2020年已经有2.02亿名学生(超过75%)回到了校园;秋季学期则实现了全面正常开学,而且也实现了校园零感染。[①]

2. 新冠肺炎期间学校复课典型案例分析

(1)案例一:疫情背景下的线上学习方略[②]

江苏省泰兴市济川中学教育集团(下文简称"济川中学教育集团")是一所历史悠久的省级现代化示范初中,有学生近4000人,96个教学班级,教师521人。2020年春季学期,济川中学教育集团积极响应教育部号召,认真落实教育主管部门的要求,根据学校实际情况及时制定了"停课不停学"的工作方案。全校教师充分利用信息化手段,积极探索辅导学生学习的线上新途径,保障疫情防控期间教育教学工作的有序开展。具体开展了以下五个方面工作。

一是提前规划,统筹部署。面对疫情,济川中学教育集团早在1月30日,就由校长组织召开了集团校级领导班子视频会议,成立了"停课不停学"领导小组,提前谋划、周密部署、明确分工、落实责任。在前期准备期间,学校以钉钉群为平台,组织全体老师进行"线上教学"培训,要求全体一线教师熟练掌握钉钉线上直播技术,以确保网课教学的质量。与此同时,学校还设立了钉钉管理员,每班建立钉钉班级群,并安排专门的技术保障团队,以便及时解决可能出现的网上教学问题。学校利用钉钉群对全体教师提供了如何进行直播的培训,还印发了操作手册、录制了网课直播技巧等培训视频。

二是制订计划,分级实施。济川中学教育集团针对不同年级学生的不同需求,采取了"制订计划,分级实施"的策略。学校结合师资、教材等情

---

① 《教育部:秋季学期已具备全面正常开学的条件》,澎湃新闻,2020年8月27日,https://baijiahao.baidu.com/s? id=1676145055738409788&wfr=spider&for=pc,最后访问日期:2021年9月17日。

② 本案例是根据救助儿童会、北京师范大学风险治理创新研究中心、风险治理与教育创新网络共同于2020年8月举办的两期"新冠肺炎疫情背景下教育系统应对的现状与展望"线上工作坊江苏省泰兴市济川中学教育集团总校长陈辉分享的内容做的整理和总结。

况，制订了个性化的线上教学实施方案，合理安排课表。在学校统一部署下，以年级为单位，一级一策，根据学生年龄，建立全校各级统筹推进体制和机制，教研人员、年级主任合力实施、协同推进。各学科以备课组为单位，老师网上交流备课资料，充分发挥集体的力量，制订了切实可行、符合各年级学生特点的学习计划，确立了管理层、班主任、任课老师"层级管理"的工作流程，确保线上教学顺利推进，同时各年级组织开展了丰富多彩的活动，助力学生向上向善，让教育沿着有情怀、有温度的方向前行。

三是线上学习，丰富多彩。"线上学习"不等于传统的"班级授课"，更不是"你听我讲"的"主播模式"。针对线上学习，济川中学教育集团确立了"培养学生综合素养、创新能力"的育人目标，帮助学生在复习旧知识的同时，构建新知识框架，从而提高学生自主学习的能力。在这一目标下，学校以学科组为单位开展线上备课，精心准备线上学习内容，充分体现学科特点，使得各科教育教学丰富多彩。2月10日学校正式启动了在线"空中课堂"，通过线上方式指导学生居家学习和生活、防疫和抗疫。

四是在线答疑，帮扶到位。为了及时有效地解决学生自主学习过程中遇到的困惑和问题，济川中学教育集团制定了全校一线老师每天下午利用钉钉群、QQ群、微信群直播录制等方式回答学生在线提出的问题，让学生在认真听、仔细记、积极想的基础上开展有效练习，努力追求"线上线下学习形式不同，但教学效果相同"的育人目标。

五是家校联动，健康战疫。为积极应对疫情，全力以赴打赢疫情防控阻击战，消除孩子们的恐慌、焦虑和紧张心理，济川中学教育集团一方面开通心理干预热线，请心理咨询老师为学生提供心理咨询；另一方面倡议全体家长与学校共同努力筑牢防疫战线，切实做好家庭安全防护，保证孩子均衡膳食，监督孩子科学锻炼，珍惜难得的亲子时光，感受家的温暖，小手拉大手，家校携手，共同战疫。此外，由于长时间线上学习缺少体育活动，既不利于学生的健康成长，又容易产生视觉疲劳、降低学习效率，学校每天安排学生不少于一小时的体育锻炼时间，缓解高强度的线上学习可能带来的心理压力，营造健康成长的家庭育人氛围。

这次疫情打破了国家原本逐步发展线上教育的设想，促使线上教育以大跨步的方式迈向教育的前线，这给教育部门和学校都带来了一定的挑战。但不可否认的是，线上教育今后将成为学校教育教学非常重要的形式之一。济川中学教育集团有很多成功经验和做法，在学校线上教育的筹备、教育技术的支持、教育内容的安排、家校联动的具体策略等环节方面都提供了参考。

（2）案例二：社区治理理念下区域校园疫情防控机制的探索①

金牛区是四川省成都市中心城区，至 2019 年末，金牛区共有中小学 81 所，其中小学 48 所、普通中学 27 所、职业中学 4 所、特殊教育学校 2 所，幼儿园 138 所，共有在校中小学生 11.25 万人。针对疫情，金牛区教育局坚持整体谋划、分工协作、信息共享、责任共担，采用了建立四级网络、优化工作路径、打通信息渠道、完善保障体系四种方式，构建区域校园疫情防控机制，确保全校师生身体健康和生命安全。具体而言，金牛区的校园疫情防控工作主要通过以下四种方式开展。

一是建立四级网络，实现整体谋划。金牛区学校数量多、体量大，且涉及类型广，疫情防控难度大。为此，金牛区教育局建立了"区、校、年级、班级"的四级防控网络，在校园战"疫"工作中充分发挥集体战斗力，采用人盯人模式，形成工作互相监督的分片包干防控网络体系，将责任压紧压实。在具体的防控网络中，区级防控网络以疫情领导小组为中枢，以综合工作组、防控督导组、疫情防控组、后勤保障组、应急维稳组、留置观察组、群众工作组、宣传舆论组、中小幼联系组和大学联系组共十个小组为推进主体，推动疫情摸排、消杀防疫、物资保障、值班值守、信息宣传等多方面工作。校级防控网络中，则由校（园）长担任组长，管理与指挥年级网络和班级网络，联动校级干部、中层干部、班主任和老师们共同参与，确保责任到岗、任务到人。通过四级网络，推动人人参与到疫情防控工作中。

二是优化行动路径，体现分工协作。校园疫情防控工作并非由学校一手

---

① 本案例是根据救助儿童会、北京师范大学风险治理创新研究中心、风险治理与教育创新网络共同于 2020 年 8 月举办的两期"新冠肺炎疫情背景下教育系统应对的现状与展望"线上工作坊成都市金牛区教育科学研究院安全教育教研员周君颖分享的内容做的整理和总结。

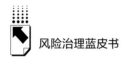

包办，只有多部门共同参与，一同评估风险，才能真正贴近师生、家长的切实需求。金牛区教育局以三个应急路径为契机，与学校开展分工协作。路径一是应急响应。疫情突发后，金牛区教育局第一时间启动了教育系统公共卫生类突发事件的应急预案并成立了领导小组，制订和完善了疫情防控工作的三案九制，着力抓好统计排查、应急维稳等重点工作。金牛区教育系统印发了一系列文件，并且制订了金牛区教育系统"两指南两图一卡一表"清单发放给学校。路径二是应急演练。应急演练作为应急管理工作中的重要环节，对检查评估预案、完善应急准备、训练指挥人员等有极其重要的意义。为了解决基层学校在制订三案九制时可能存在简单照抄照搬的问题，金牛区教育局会同金牛区卫生健康局，邀请学校安全干部参与，开展了金牛区教育系统开学工作预案的桌面推演，针对中学、小学、幼儿园不同的学段，分别开展了三轮全流程、全要素、全时段的演练。路径三是应急处置。金牛区教育局严格按照上级要求，以满足疫情防控工作需要为首要目标，积极通过区级统筹调拨、区教育局集中采购、学校分散购买和家长社会无偿捐助等多种途径，筹措应急防控物资，强化个人防控，做好疫情防控物资的统筹管理，并建立了相关的制度。

三是开辟连通渠道，凸显信息共享。校园是社会普遍关注的焦点，若校园出现疫情突发事件将引起严重的社会舆论。校园疫情防控的及时信息反馈能实时评估校园疫情状态，检验相关系统应急管理的应对情况，对校园防疫工作具有重要的现实意义。因此金牛区教育系统开辟信息渠道，由教育系统内部和外部两个部分构成。其中系统内部的渠道包含有校园疫情信息渠道、疫情指挥信息渠道、疫情综合信息渠道，三者彼此互联互通。与此同时综合信息渠道与教育系统外部的部门彼此连通，从而达到信息渠道的畅通，保证防疫工作的顺利开展。通过信息公开、加快信息在内部和外部的交叉传递速度，提高校园疫情防控绩效。

四是督察保障落实，彰显责任共担。新形势下构建行之有效的校园疫情防控保障体系，维护校园正常的教学秩序，确保校园安全稳定，是学校能够沉着应对、有效处置突发公共卫生事件的有力保障。疫情防控期间，金牛区教育系统组建了"1+1+N"的疫情防控工作责任体系，即"1名局领导+1个科室+N个教学点位"。首先分阶段开展动态督查，然后对督查中发现的问题，及时推动整改落实，最后局领导及科室成员保证下沉蹲点、结对帮扶，确保疫情防控任务的落实。这一疫情防控工作责任体系通过定格、定人、定责的方式，做到网中有格、格中有事、事中有人，人尽其责，层层压实防控责任，确保工作落实落细。

在金牛区教育局的统筹及各部门的支持配合下，金牛区教育系统的校园疫情防控工作卓有成效。一是防疫管理更加精准，二是防疫教育方式更加丰富，三是社区治理理念下的区域校园疫情防控机制逐步形成。金牛区教育局创新性地探索与搭建了区域校园疫情防控机制，将学校安全工作分为若干个层面和若干个细节加以落实，具体到人、具体到点，各方团结协作，各司其职，为其他区域校园疫情防控提供了良好的经验和借鉴。

四 发展与展望

对2020~2021年学校安全发展状况的总结和分析显示，今后的学校安全工作开展中将呈现以下趋势。

一是学校安全管理的标准化趋势。当前我国的学校安全管理中，对于一些学校安全管理的细节没有具体的标准可以参照，导致了学校安全工作的随意性比较大，校与校之间的差距也较大，所以有必要建立一套系统的学校安全管理标准体系，例如学校安全管理包括哪些方面、每一个方面要做哪些工作、每项工作要达到什么样的程度等，从而提升学校安全管理的系统性和科学性，有效避免人为安全事故的发生。

二是学校安全管理的专业化趋势。不同于学校的其他工作，学校安全管理工作的专业性特征近些年越发明显，安全工作涉及方面非常多。所以要提升学校安全工作的水平，不能仅仅依靠增强管理人员的责任心，更要对管理人员进行专门的安全培训。学校安全工作负责人除了必须经过系统的学校安全培训外，还要掌握学校安全管理组织机构建立、责任制落实、预案制作、

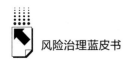

演练开展等专业的能力，取得上岗资格证书之后才能担任学校安全管理人员，这样才能最大可能消除学校的安全隐患，建构有效的学校安全风险防控体系。

三是学校安全教育的技能化趋势。目前我国中小学已经基本实现安全教育的全覆盖，各级各类学校通过安全课、班会、讲座等形式对学生开展了各方面的安全教育。但是当前的学校安全教育往往传授过多知识性的内容，缺乏对学生安全意识和安全技能的培养，这就造成学生虽然具有辨别危险的知识，但是缺乏安全逃生、自救自护的相关技能。所以在今后的中小学安全教育当中，应当进一步加强对火场逃生、绳索打结、高楼逃生、溺水漂浮等方面的技能教育来保障学生的安全，从而提升整个社会的安全素养。

四是教师安全培训的全覆盖趋势。教职工是学校的一线工作人员，不可否认，一线教职工导致了绝大部分的学校人为安全事故。目前我国教师在培养过程中缺乏对学校安全领域的学习，此外，目前教师培训的项目中，针对学校安全教育培训的数量也是微乎其微，入职后的教师很难有针对学校安全教育研修的机会，面临这种"先天不足，后天乏力"的局面，很多教职工都缺乏学校安全知识和安全管理技能。因此，今后针对教职工的安全教育也要逐步加强，实现全覆盖，使每一名教职工都掌握必要的安全知识和安全技能。

五是学校安全工作的社会化趋势。西谚云：教育孩子是整个村庄的事。学校安全绝不是由学校一家独自完成的，学校的安全工作不能仅仅依靠校内工作人员，还要鼓励家长和社区参与其中。例如一些地方已经采取发动家长志愿者的形式，保护学校周边的安全，尤其是中小学生上下学高峰期的交通安全。还有一些地方的政府、教育部门和学校积极与当地的河流、水库管理单位、公安交通管理部门等协作，共同采取措施防止中小学生中最为高发的溺水事故和交通事故的发生。今后，发动全社会的力量参与到保护中小学生安全的工作当中来，将是减少中小学生意外事故发生的有效方式，也是今后应当进一步重视和加强的方面。

六是学校安全工作的法治化趋势。教育部发布的《学生伤害事故处理办法》和《中小学幼儿园安全管理办法》等部门规章在一定的历史时期内发挥了积极作用，但是随着社会法治化进程的推进，部门规章的法律效力较低已经成为制约学校安全工作的一个重要因素。在这个背景下，必须及时出台相关的法律法规对学校安全工作加以规制，未来"学校法"等立法是我国落实学生权利、保障学校权益、推动学校安全管理制度化的关键。在国家的法律法规出台之前，有立法权的地方可以积极推进学校安全的地方立法，避免消极等待国家立法出台的情况，以及时解决当前学校安全工作当中存在的一些棘手问题。所以，学校安全工作的法治化也是今后学校安全工作的一个重要趋势。

学校安全既是教育系统内部要解决的重要问题，更是全社会关注的焦点问题。生命不保，何谈教育。只有坚持生命第一的原则，在遵循科学发展规律的前提下，积极探索学校安全工作的新路径、新趋势，才能进一步提高学校安全的工作水平，保障中小学生的生命安全。

参考文献

马小红、黄拥军、胡阳：《新冠肺炎疫情背景下高校留学生管理的挑战与对策》，《湖北工业大学学报》2020年第3期。

许秀兰：《塑胶跑道有害物质及其标准探讨》，《科学与财富》2018年第22期。

杨静、詹王镇：《战"疫"背景下基层维稳的法治困境与强化路径》，《贵州警察学院学报》2020年第4期。

崔祥烈编著《顶层设计与学校行动——学校安全风险防控体系建设专业指南》，新华出版社，2019。

郭志洪、何岐编著《〈中小学幼儿园应急疏散演练操作规程〉实操手册》，四川大学出版社，2019。

B.4
中国社会组织参与风险治理发展报告

佟欣然*

摘 要: "非典"疫情之后,我国逐步建立起以"一案三制"为核心内容的国家应急管理体系①,明确了社会组织在公共突发事件救援救助中的地位,社会组织开始不同程度地参与风险治理。可以说对于 2020 年初突发的新型冠状病毒肺炎 (下文简称"新冠肺炎疫情") 的应对,是我国社会组织第一次真正意义上广泛参与到重大突发公共卫生事件的应对中。本文通过梳理社会组织发展演进的 6 个阶段以及社会组织参与风险治理的技术、行动、资源、理念 4 种介入方式,整理 2020~2021 年社会组织发展的总体情况和国内相关政策理论,分析了社会组织参与 2020 年湖北省新冠肺炎疫情风险治理的启动与倡导、物流与运力保障、资金物资募捐及拨付、建立协同机制、开展社区服务和弱势群体关怀等具体情况,并从社会组织参与风险治理的定位及职能、主体间合作、能力建设、服务对象、服务领域等五方面进行经验总结及展望。

关键词: 社会组织 风险治理 新冠肺炎疫情

---

* 佟欣然,北京师范大学风险治理研究中心减灾项目部副主任,研究方向为应急管理、风险治理、防减灾教育、社区安全。

① 田华:《中国应急管理体系建设:经验与发展重点》,《应急管理国际研讨会论文 (2010)》,国家行政学院出版社,2010。

一 概述

（一）社会组织参与风险治理的演进过程

我国社会组织参与风险治理的过程大体可以被划分为六个阶段。

第一阶段是指1978年改革开放以前，在这一阶段，政府救灾体系运行，国家治理未形成体系，鲜有社会组织参与到灾害应对和灾害治理的过程当中。

第二阶段是指1978年改革开放至2003年"非典"疫情期间，国内应急管理的体系开始起步，中国的应急管理机制是"以分类管理为主、临时机构牵头"的应急管理议事协调机制。此时段传统救灾体系运行，社会组织开始少量参与风险治理。在政府的主导和支持下，具有官方性质的社会组织（GONGO），如中国红十字会、中国宋庆龄基金会、中国扶贫基金会、中国青少年发展基金会等开始在救灾领域发挥救济救助作用。

第三阶段指2003年"非典"疫情至2008年汶川地震，这一时段国家应急体系建立，体制的基础为社会应急力量参与救灾奠定了基调，社会应急力量在规范引导下开始有限参与风险治理。2005年，国务院颁布《国家突发公共事件总体应急预案》，此预案的颁布昭示着我国应急管理法制化进程的开启，自此，广泛的预案体系逐步建立。2006年3月，国家制定《国民经济和社会发展第十一个五年规划》，"十一五"规划中提出要"建立健全社会预警体系和应急救援、社会动员机制"，社会力量成为应急动员的组成力量。2006年，党的十六届六中全会通过《中共中央关于构建社会主义和谐社会若干重大问题的决定》，正式提出我国按照"一案三制"的总体要求建设应急管理体系。2007年，全国人大常委会通过了《中华人民共和国突发公共事件应对法》，为此后社会应急力量参与风险治理进行了规范和引导。

第四阶段指2008年汶川地震至2013年芦山地震。汶川地震中，在政府和军队的有效领导下，包括各类社会组织、志愿者、爱心企业在内的社会力量广泛而自发地开展救援救助工作。据统计,在 2008 年的汶川地震中,有超过 300 家社会组织参与到灾害治理的各个环节、阶段,形成"政府主导、社会协同"的共同治理格局。自 2008 年开始,国内真正打开了社会组织参与风险治理的局面。

第五阶段指 2013 年芦山地震至 2018 年应急管理部成立之前,在这一阶段政府与社会组织合作开展灾害风险治理的模式逐步凸显,政社协同初步形成。在 2013 年芦山地震应对过程中创立的协同救灾的"雅安模式",开启了探索灾害应对中政社协同治理的创新格局,社会组织开始逐步制度化地参与到风险治理中。自"雅安模式"开始,"从点到面、从高到低"的全方位、全覆盖的政社协同组织结构体系开始逐步建立。此后,"中国社会组织灾害应对平台""壹基金联合救灾""基金会救灾协调会"等多个具有联盟特性的协同机制陆续出现,社会应急力量风险治理进一步呈现网络化、信息化的特点。[①]

第六阶段指的是 2018 年应急管理部成立至今。应急管理部的成立标志着中国应急管理事业进入了一个新时代,为促进社会组织纳入国家应急管理体系、有序专业参与应急工作开启了新的窗口。应急管理部将社会组织定义为我国应急体系的重要组成部分,提出要"加强引导、强化服务,积极支持和规范队伍建设发展,推动社会力量发挥更大作用"(见表 1)。[②]

表 1　我国社会组织参与救灾发展演进

阶段	时间	特点
第一阶段	1978 年改革开放以前	政府救灾体系运行,鲜有社会组织参与
第二阶段	1978 年改革开放至 2003 年"非典"疫情	传统救灾体系运行,社会组织少量参与
第三阶段	2003 年"非典"疫情至 2008 年汶川地震	国家应急体系建立,社会组织有限参与

① 张强:《灾害治理——从汶川到芦山的中国探索》,北京大学出版社,2015,第 166 页。

② 《应急管理部:支持社会救援力量建设发展》,新华网,2018 年 8 月 9 日,http://www.xinhuanet.com/legal/2018-08/09/c_129929681.htm,最后访问日期:2021 年 7 月 13 日。

阶段	时间	特点
第四阶段	2008 年汶川地震至 2013 年芦山地震	政府主导、社会协同的社会组织参与救灾格局形成
第五阶段	2013 年芦山地震至 2018 年应急管理部成立之前	政府与社会合作救灾模式的演进,政社协同初步形成
第六阶段	2018 年应急管理部成立至今	新时代应急管理体制系统重构,社会组织参与救灾作为重要内容开始全面建设

资料来源:张强:《灾害治理——从汶川到芦山的中国探索》,北京大学出版社,2015。

（二）社会组织分类及特点

根据中华人民共和国民政部统计数据,截至 2021 年第 4 季度,我国社会组织总数为 90 万个（见表 2）。[1] 社会组织具备动员社会资源、提供公益服务、社会协调与治理等功能[2]。民政部将我国的社会组织划分为三类:社会团体,如人民团体、登记机关注册的社团等;社会服务机构[3],如企事业单位、社团以及个人等组建的非营利性社会组织;基金会,包括政府筹办的公办基金会以及民间基金会。此外民政部陆续颁布了一系列政策性文件,如《社会组织登记管理条例》、《民办非企业单位登记暂行办法》、《民办非企业单位登记管理暂行条例》以及《基金会管理条例》等,以开展对社会组织的管理和约束。社会组织具备自组织性、独立性、自治性、公益性、公正性等诸多特性,还具有强大的自主性和参与的自愿性,能够更积极有效参与到常态的风险治理以及非常态下的应急处置。从事及参与风险治理的社会组织,其专业性、灵活性、协同性体现尤为明显,社会组织的专业性使其能够在多个细分领域进行多样化参与,在有关风险和灾害的职能内容上,能够使

---

[1] 《2021 年 4 季度民政统计数据》,中华人民共和国民政部官网,2021 年 3 月 18 日,http://www.mca.gov.cn/article/sj/tjjb/2021/202104qgsj.html,最后访问日期:2022 年 3 月 27 日。

[2] 王名:《非营利组织的社会功能及其分类》,《学术月刊》2006 年第 9 期,第 9 页。

[3] 2016 年颁布的《中华人民共和国慈善法》中,将民办非企业单位修改为社会服务机构。

社会组织保持专业优势，从而在众多机构中脱颖而出。风险的不确定性要求参与风险治理的社会组织具备较强的灵活性，除本身在组织结构、活动方式上的灵活以外，还包括根据不同地区、领域和人群的具体条件及外在因素变化及时做出调整，而日益复杂、盘根错节的风险类型要求社会组织具备高效协同的能力，能够在复杂形势下高效有序地与不同主体、不同人群，在不同地域、不同场景下开展协调联动。

表 2　2021 年我国社会组织数量

类别	数量
社会团体	37.1 万个
民办非企业单位（社会服务机构）	52.1 万个
基金会	8885 个

资料来源：《2021 年 4 季度民政统计数据》，中华人民共和国民政部官网，http://www.mca.gov.cn/article/sj/tjjb/2021/202104qgsj.html，最后访问日期：2022 年 3 月 27 日。

社会团体、基金会、民办非企业单位（社会服务机构）三类社会组织在参与风险治理过程中各有其特点和优势。社会团体中各类学会、协会及联合会通常是围绕其章程开展活动，通过设立课题、开展项目，进行理论实践研究以参与风险治理，各社会团体通常下设分支机构，针对不同灾害类型、灾害治理阶段、风险治理领域和治理内容等细分领域进行更有针对性的研究和活动。社会团体为会员制组织，结构相对松散，活动及项目具有不定期性。基金会通过劝募、公募资金开展有明确目的和用途的活动，国内参与风险治理的基金会通常有相对明确的参与领域，在长期参与中形成了相对稳定的伙伴网络和工作模式，在风险治理及灾害应对过程中，基金会的参与方式较为多样，既可独立开展项目也常与社会服务机构协作开展项目，基金会作为资方为一线社会服务机构提供资金支持，一线组织参与到项目的具体执行过程中。社会服务机构门槛较其他两类社会组织更低，自由度相对更高，由于体量通常较小，社会服务机构通常有更为细化的职能领域，如救援、儿童关怀、净水、心理抚慰等，但从以往社会组织发展经历看来，社会服务机构的存续程度较弱，我国目前参与风险治理的社会服务机构普遍缺乏较强的专业能力及持续实现自身造血的能力。

（三）社会组织参与风险治理的阶段及职能

风险治理是社会治理的重要组成部分，是保障国家安全发展的关键环节之一，风险治理实际上可以理解为针对风险全时段、全过程的管理，既包括风险防范、减轻灾害影响及事后恢复重建，也包括长期而有效的社会韧性建设等。时至今日，社会组织已广泛参与风险治理的各个环节，无论是基金会、社会团体还是社会服务机构，都在不同的职能领域，凭借多样的专业技能发挥作用。按照职能不同，在教育、减灾、环保、扶贫、儿童保护等方面降低灾害风险。按照时间和内容可以分为事前、事中、事后三个方面，参与内容包括：事前的风险评估/减灾规划/技术发展/减灾工具，风险治理参与及群体减灾教育，风险防范项目及设施建设，风险防范意识提升及韧性建设等；事中的风险信息/技术/决策支持，救援救助服务，应急资源供给及管理，灾害认知培育，等；事后的调查评估/重建规划，社会韧性建设与发展，人力物力财力支持，风险意识提升及韧性建设，等（见表3）。

表3　社会组织风险治理功能矩阵

参与内容	事前	事中	事后
技术介入	风险评估/减灾规划/技术发展/减灾工具	风险信息/技术/决策支持	调查评估/重建规划
行动介入	风险治理参与/群体减灾教育	救援救助服务	社会韧性建设与发展
资源介入	风险防范项目及设施建设	救援物资/资金/人员供给	救援物资/资金/人员支持
理念介入	风险防范意识提升/韧性建设	智力支持/能力培育	风险意识提升/韧性建设

资料来源：陶鹏、薛澜：《论我国政府与社会组织应急管理合作伙伴关系的建构》，《国家行政学院学报》2013年第3期，第14~15页。

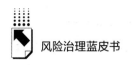
二 相关政策进展

2020 年突发的新冠肺炎疫情，使得大部分社会组织工作重心迅速调整成为围绕新冠肺炎疫情的风险防范与治理工作。在此期间，国家发布多条相关政策以倡导、规范和管理社会组织行为。2020 年 1 月 29 日，民政部社会组织管理局发布《关于在民政部业务主管社会组织中认真做好新型冠状病毒感染的肺炎疫情防控工作的通知》，明确要坚持党建引领，加强分类指导，有效推动各级各类社会组织和社会组织党组织在新冠肺炎疫情防控中发挥积极作用，充分发挥社会组织党组织的战斗堡垒作用和党员的先锋模范作用，倡导社会组织积极参与新冠肺炎疫情防控工作[1]；2020 年 1 月 29 日，民政部社会组织管理局发布《关于印发〈社会组织登记管理机关疫情防控工作实施方案〉的通知》，通知要求部管社会组织需要结合自身专业特点和工作开展实际成立机构的疫情防控领导小组，制定疫情防控应急预案，进一步规范社会组织有序有效参与疫情防控工作[2]；2020 年 1 月 31 日，共青团中央发布《关于坚持党的领导，全团动员，在防疫情阻击战中充分发挥共青团生力军和突击队作用的通知》，通知要求机关、企事业单位、科研院所和社会组织团组织要做到恪尽职守干在前[3]；2020 年 2 月 6 日，民政部社会组织管理局发布《关于全国性行业协会商会进一步做好新型冠状病毒肺炎防控工作的指导意见》指出，要充分发挥自身优势，积极动员会员单位和社会力量[4]；

---

① 《民政部在部管社会组织中部署新型冠状病毒感染的肺炎疫情防控工作》，http：//www.gov.cn/xinwen/2020-01/29/content_5473004.htm，最后访问日期：2021 年 3 月 9 日。

② 《关于印发〈社会组织登记管理机关疫情防控工作实施方案〉的通知》（民社管函〔2020〕5 号），中华人民共和国民政部官网，http：//www.mca.gov.cn/article/xw/tzgg/202001/20200100023778.shtml，最后访问日期：2021 年 3 月 9 日。

③ 《关于坚持党的领导，全团动员，在防控疫情阻击战中充分发挥共青团生力军和突击队作用的通知》（中青发〔2020〕3 号），http：//youth.cqu.edu.cn/info/1010/12746.htm，最后访问日期：2021 年 3 月 9 日。

④ 《关于全国性行业协会商会进一步做好新型冠状病毒肺炎防控工作的指导意见》，中华人民共和国民政部官网，http：//www.mca.gov.cn/article/xw/tzgg/202002/20200200024119.shtml，最后访问日期：2021 年 3 月 9 日。

2020 年 2 月 10 日，民政部社会组织管理局、社会组织服务中心党委颁布《关于民政部业务主管社会组织在参与疫情防控工作中发挥示范引领作用的通知》，要求部管社会组织在新冠肺炎疫情防控工作中，在提高政治站位、坚定党的领导、依法科学防控、提供支持帮助、正确引导舆论上发挥示范引领作用①；2020 年 2 月，民政部社会组织管理局发布了一封《致全国社会服务机构和社区社会组织的新冠肺炎疫情防控倡议书》，倡议书中提出参与防疫工作的社会服务机构和社区社会组织，要严格执行防疫要求，机构负责人应靠前指挥，负起主体责任。② 2020 年 2 月，民政部基层政权建设和社区治理司、民政部慈善事业促进和社会工作司、民政部社会组织管理局联合指导中国社会工作联合会编写《社区"三社联动"线上抗疫模式工作导引》（下文简称《工作导引》）（第一版）③，倡导参与"抗疫"的机构运用社区微信群、App 等信息化手段实现社区防控工作的"引领到位、动员到位、排查到位、监测到位、暖心到位、宣传到位"。2020 年 3 月，国家又在《工作导引》（第一版）基础上发布了第二版，第二版的《工作导引》总结了地方抗疫实践当中建立的核心服务群、防控支持群的优秀经验，重点细化了线上抗疫模式的各级各类机制，包括微信群建立机制、运营机制等，建立社区防疫的互助体系，引导包括社区居民在内的各方力量共同做好社区保障工作，如居家生活保障、困难人群帮扶等。④ 同时，《工作导引》第二版增加了群管理和群沟通技巧等内容，进一步提高了《工作引导》的可操作性。

---

① 《关于民政部业务主管社会组织在参与疫情防控工作中发挥示范引领作用的通知》，民社管函〔2020〕10 号，中华人民共和国民政部官网，2020 年 2 月 10 日，http：//xxgk. mca. gov. cn：8011/gdnps/pc/content. jsp？id＝13114&mtype＝1，最后访问日期：2021 年 3 月 9 日。

② 《致全国社会服务机构和社区社会组织的新冠肺炎疫情防控倡议书》，https：//www. chinanpo. org. cn/index/index/show/id/1336. html，最后访问日期：2021 年 3 月 9 日。

③ 《民政部基层政权建设和社区治理司等单位指导编写〈社区"三社联动"线上抗疫模式工作导引（第一版）〉》，中华人民共和国民政部官网，http：//www. mca. gov. cn/article/wh/whbq/jsmlsq/cssqzl/202003/20200300026174. shtml，最后访问日期：2021 年 3 月 9 日。

④ 《民政部基层政权建设和社区治理司等单位指导编写〈社区"三社联动"线上抗疫模式工作导引（第二版）〉》，中华人民共和国民政部官网，http：//www. mca. gov. cn/article/wh/whbq/jsmlsq/cssqzl/202003/20200300026175. shtml，最后访问日期：2021 年 3 月 9 日。

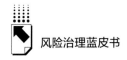

国家对于依法开展慈善募捐也提出规范要求。2020 年 2 月 14 日，民政部社会组织管理局、民政部慈善事业促进和社会工作司颁布《慈善组织、红十字会依法规范开展疫情防控慈善募捐等活动指引》，指引中提出依法取得公开募捐资格的慈善组织、红十字会可以面向社会公众开展募捐活动，同时也指出，不具有公开募捐资格的组织及个人可通过与具有公开募捐资格的慈善组织、红十字会合作的方式，进行公开募捐活动。①

国家对于应对新冠肺炎疫情平稳运行和复工复产也颁布了一系列政策。2020 年 2 月 27 日，国家发展改革委办公厅、民政部办公厅发布《关于积极发挥行业协会商会作用 支持民营中小企业复工复产的通知》，通知中提出，行业协会商会可以根据不同地区的新冠肺炎疫情具体防控状况，分区、分级开展服务，促进行业企业生产秩序的恢复。② 2020 年 4 月 2 日，民政部办公厅发布《关于调整优化有关监管措施支持全国性社会组织有效应对疫情平稳健康运行的通知》，通知中将社会救助、社会工作、社区服务等作为社会组织参与社会服务项目内容纳入中央财政支持的范围，对困难救助、心理辅导、综合性社会支持网络构建等社会组织开展的社会服务进行支持。③

社会组织的广泛参与既体现了社会组织参与社会治理的巨大潜能，也暴露出一批效能不高的社会组织。2021 年 3 月 20 日，民政部会同中央和国家机关 21 部门联合印发《关于铲除非法社会组织滋生土壤 净化社会组织生态空间的通知》。此后共核查涉嫌非法社会组织 3852 家，其中取缔 600 家，劝散 1448 家，自行解散 203 家，引导登记 544 家，曝光 111 批次 1057 个涉嫌非法社会组织名单；7 月 30 日，民政部发布通知，在全国范围内开展"僵

---

① 《慈善组织、红十字会依法规范开展疫情防控慈善募捐等活动指引》，民政部门户网站，http：//www.mca.gov.cn/article/xw/tzgg/202002/20200200024510.shtml，最后访问日期：2021 年 3 月 9 日。

② 《国家发展改革委办公厅 民政部办公厅关于积极发挥行业协会商会作用 支持民营中小企业复工复产的通知》，发改办体改〔2020〕175 号，http：//www.mca.gov.cn/article/xw/tzgg/202002/20200200025123.shtml，最后访问日期：2021 年 3 月 9 日。

③ 《民政部办公厅关于调整优化有关监管措施支持全国性社会组织有效应对疫情平稳健康运行的通知》，民办函〔2020〕32 号，http：//xxgk.mca.gov.cn：8011/gdnps/pc/content.jsp？id=13108&mtype=1，最后访问日期：2021 年 3 月 9 日。

尸型"社会组织专项整治行动。此举动进一步优化社会组织结构，净化社会组织发展环境，防范化解社会组织风险，促进社会组织高质量发展。

2020 年社会组织充分参与基层社区新冠肺炎疫情防范与响应工作，体现了社会组织基层优势。民政部 2020 年 12 月印发的《培育发展社区社会组织专项行动方案（2021—2023 年）》中提出，从 2021 年起用 3 年时间，开展培育发展社区社会组织专项行动，通过实施一批项目计划和开展系列主题活动，进一步提升质量、优化结构、健全制度，推动社区社会组织在社会治理中更好发挥作用。[①] 2021 年 7 月 11 日，《中共中央 国务院关于加强基层治理体系和治理能力现代化建设的意见》发布，该意见提出完善党建引领的社会参与制度，培育扶持基层公益性、服务性、互助性社会组织，完善社会力量参与基层治理激励政策，创新社区与社会组织、社会工作者、社区志愿者、社会慈善资源的联动机制，支持建立乡镇（街道）购买社会工作服务机制和设立社区基金会等协作载体，吸纳社会力量参加基层应急救援。[②]

三 案例及分析

2021 年，全球新冠肺炎疫情愈演愈烈，我国通过持续的疫情管控和广泛的疫苗接种等有效手段使新冠肺炎疫情与人民生产生活、经济运行能够保持平衡，社会组织工作重点也从新冠肺炎疫情应对响应调整回归本职。儿童、助老、乡村振兴及脱贫攻坚等类别成为社会组织新的着力点。从"社会组织参与风险治理"角度来看，"灾时"较"平时"更能集中体现社会组织在风险治理过程中的作用。为此，我们以 2020 年初湖北省新冠肺炎疫情

---

① 《民政部办公厅关于印发〈培育发展社区社会组织专项行动方案（2021—2023 年）〉的通知》，中华人民共和国民政部网站，http：//xxgk. mca. gov. cn：8011/gdnps/pc/content. jsp? id=14798&mtype=1，最后访问日期：2023 年 3 月 27 日。

② 《中共中央 国务院关于加强基层治理体系和治理能力现代化建设的意见》，中国政府网，http：//www. gov. cn/zhengce/2021-07/11/content_ 5624201. htm，最后访问日期：2023 年 3 月 27 日。

响应为案例，分析在湖北省新冠肺炎疫情响应与处置期间，社会组织的作用和影响。

2020年是跌宕的、被历史铭记的一年，在全球新冠肺炎疫情蔓延的背景之下，纵观世界范围内新冠肺炎疫情应对情况及效果，我党的制度、理论、道路优越性凸显。2020年初突发的新冠肺炎疫情，是我国自新中国成立以来发生的传播速度最快、感染范围最广、防控难度最大的重大突发公共卫生事件。突如其来的新冠肺炎疫情是一场巨大的考验，对我们之前所建设、设计的一切体制机制进行检视。风险治理作为被考验的一项，在如何充分发挥屏障作用，有效应对风险、防范衍生问题上，我国社会组织做了大量努力。可以说，在被"封闭"的2020年中，新冠肺炎疫情不仅是公共卫生系统的主战场，也是社会组织的主战场，2020年社会组织风险治理的重点即围绕新冠肺炎疫情及其次生、衍生问题开展。

总体上讲，可以据社会组织参与新冠肺炎疫情发展阶段将2020年简要划分成"疫情期"及"疫情后期"。疫情期为2020年初新冠肺炎疫情突袭而来至2020年6月湖北省及其他各省份新增确诊病例清零；疫情后期为2020年下半年疫情的共存期，疫情依然小范围、相对可控地发生。疫情期社会组织工作围绕"支持"展开：一是防疫资金/物资支持，包括资金/物资募捐、运输等，新冠肺炎疫情暴发初期我们对新冠肺炎疫情了解不足，边研究边应对，防疫资金/物资是最直接、有效的支持；二是医疗支持，包括呼吸机等医疗设备支持、护目镜等医用防护物资支持、医护人员送餐和接送等衣食住行的支持等；三是社区支持，包括社区防疫消杀、社区排查、社工能力建设、社区采购等；四是心理支持，新冠肺炎疫情冲击下心理咨询需求激增，包括这期间停工停产导致的大量停学、失业者疏导，就医困难的心理疾病患者咨询，解决久居在家导致的夫妻、亲子间矛盾，等等；五是少数群体支持，包括孕妇、独居老人、儿童等弱势群体，受新冠肺炎疫情影响就医困难的重症患者，由于封城无法返乡的"异乡客"，等等。疫情后期社会组织工作围绕"适应"展开：在本辖区或本领域参与新冠肺炎疫情防范、参与与新冠肺炎疫情共存的长期重建、参与国际新冠肺炎疫情应对支持工作、在机构发展方向中融合公共卫生职能。同时，一些因新冠肺炎疫情被暂时搁置的原有项目也重新启动（见图1）。

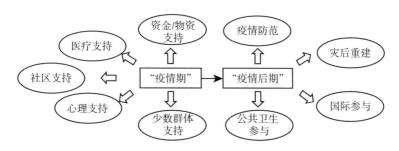

图1　2020年我国社会组织主要工作内容

具体来讲，此次对于新冠肺炎疫情的应对处置具备高专业性、行动管理的封闭性、组织协调的复杂性等特点，社会组织在应对过程中充分展现出了以往积累的优秀经验，体现出了新的特点，同时也凸显出一些问题。为此，以2020年湖北新冠肺炎疫情社会组织参与情况为例，对社会组织参与的要点和经验进行分析及总结。

（一）现状梳理

1. 社会组织启动与倡导

2020年春节，新冠肺炎疫情突发，新冠肺炎疫情以始料未及的速度传播，又恰逢春节假期，人员的高密集性、高流动性给新冠肺炎疫情防控工作带来巨大挑战，给政府防疫系统带来一定压力。有了以往社会组织参与各类突发公共事件的经验，此次疫情发生后，民政部及时发出了《关于动员慈善力量依法有序参与新型冠状病毒感染的肺炎疫情防控工作的公告》，广泛动员社会组织、社会企业、志愿者队伍等社会慈善力量，依法有序支持新冠肺炎疫情防控工作。

1月25日，中华慈善总会向全社会发出了"呼吁书"，与此同时启动了名为"抗击新冠肺炎，我们在行动"的公开募捐活动。以此为始点，各社会组织开始纷纷发力，参与抗疫：1月26日，陕西省慈善协会在陕西省启

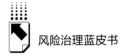

动一级响应的当天，建立了慈善抗疫联动机制，联动社会力量积极开展协同抗疫，社会组织、志愿者、社工、义工成为三秦大地"抗疫"队伍的重要组成力量；1月27日，中国慈善联合会发布了"凝心聚力，打赢疫情防控阻击战"的倡议书，提到社会组织等慈善力量要有力有序、专业规范地组织和开展抗疫工作，倡议还专门提出对于精神需求、医务工作者家属等的帮助。逐步的，全国各地、各类型的社会组织纷纷提出倡导和积极参与响应，各级红十字会、红十字基金会、慈善总会①，包括儿童、青少年、妇女、华侨等在内的各基金会，以及长期参与物资筹集、防疫消杀、心理抚慰、社区服务等相关内容的社会服务机构及志愿者组织，迅速响应，全力筹备防疫的动员、组织、实施工作。

2. 提供物流和运力保障

新冠肺炎疫情期间巨大的医疗、生活物资需求及各地交通管制的情况对整体物流运输体系提出挑战，各地社会组织充分发挥链接资源的作用，尽心竭力地投入募捐和善款善物的拨付转运工作之中。

招商局"灾急送"、传化公益物流、顺丰公益物流等公益物流平台展现出极大的适用性和运力，招商局"灾急送"在驰援湖北期间运输紧急援助物资量共计8900立方米、3672吨，提供公益物流价值约人民币316万元，共出动240余车次、司乘人员270余名，支援了湖北省46个区县医院、福利机构、社区等基层防控单位的紧急物资需要。社会组织在物资转运方面提供了巨大帮助，如截至2020年3月5日，湖北孝感义工联合会和各类爱心团队、机构共同运输转赠物资价值达到5000万元，中转物资重量达到2200吨，惠及湖北省882家医院、318个社区。

3. 积极开展物资资金募捐及拨付

在物资最紧迫和缺乏的疫情突发期，社会组织运用强大的资源动员能力，开展抗疫物资和资金筹集工作，为疫区提供资金、物资。社会力量筹款

---

① 具体包括中国红十字会总会、中国红十字基金会，湖北省红十字会、慈善总会，武汉市红十字会、慈善总会，上海、深圳、重庆、广西、山东、内蒙古、河南、青海、贵州、辽宁、安徽、浙江、天津等地的慈善总会、红十字会。

速度快、范围广、数量大。据统计，湖北封城后仅 10 天，就接收到总计 79 亿元的社会捐赠，每天接收到的捐款额度超 7 亿元。

各地、各级慈善会、红十字会在发布倡导后快速开展款物筹集工作。各级慈善会接受捐赠占比为 40.2%，红十字会占比为 22.4%。中华慈善总会在民政部认证的 10 家互联网公募信息平台开展募捐活动，共接受社会捐赠近 8200 万元；湖北省慈善总会在 1 月 26 日至 2 月 5 日期间，共接受 38.03 亿元善款。浙江慈善联合会启动募捐预案后的第三天，首批防疫物资就抵达了湖北武汉。除了各级慈善会、红十字会外，全国各地的基金会在防疫款物募集上也发挥了重要作用，捐赠占比为 26.8%。北京韩红爱心慈善基金会在新冠肺炎疫情发生后快速启动响应，截至 1 月 31 日，筹款额为 1.4 亿元，截至 2 月 1 日，筹款总额就已超过 2 亿元。值得一提的是，韩红爱心慈善基金会第一时间开展了呼吸机购买和筹集的工作，在湖北防疫战中挽救了许多重症患者的生命。根据民政部发布的数据，截至 4 月 23 日，各社会组织及红十字会共接收防疫资金 419.94 亿元、防疫物资 10.94 亿件。款物金额总和约为我国政府抗疫金额的 1/3（据 4 月 20 日财政部公布数据，全国各级财政共安排疫情防控资金 1452 亿元）。截至 4 月 30 日，国内已共有 5289 个慈善组织、红十字会为新冠肺炎疫情防控开展了慈善募捐，约占参与防疫机构总数的 3/4。各级社会组织及红十字会累计拨付捐赠资金为 320.19 亿元、拨付捐赠物资 8.87 亿件。其中，湖北省累计接收捐赠资金 148.83 亿元，累计拨付 144.52 亿元；累计接收社会捐赠物资 1.43 亿件，累计调拨 1.42 亿件。

此外，面对全球新冠肺炎患者猛增、疫情肆虐的局面，我国社会组织也充分展现出人道主义精神。截至 2020 年 5 月 4 日，我国社会组织、企业等社会力量对外捐赠资金超过 9.3 亿元人民币，各类防疫口罩超 5700 万只。有关慈善组织、人民团体、商会等向境外捐赠的物资超过 1.88 亿件，折合人民币超过 8.3 亿元。

4. 建立协同机制、开展联动

新冠肺炎疫情发生后，各大协作平台、全国性机构、枢纽型组织纷纷发起建立针对此次新冠肺炎疫情防控的协调网络及联合行动计划，凭借自身专

业，链接相关资源，高效有力参与到新冠肺炎疫情应对当中，网络职能发起机构和参与机构不同，表现出单一职能或多元职能，包括智力支持、专业支持、资源链接、信息交互等。就地域分布来说，协作网络既有全国性的协作网络，又有区域性的协作网络。

基金会救灾协调会、北京师范大学风险治理创新研究中心等机构迅速成立"社会组织抗击新冠疫情协作网络"（CNC-COVID19），协助进行信息、资源链接，助力全国社会组织抗击新冠肺炎疫情。网络自2月2日正式启动以来，在2月至3月的应急响应阶段，共发布深度分析文章42篇，编译知识库文章20篇，发布行动信息简报27期，发布一线社会组织需求评估报告2期，举办线上活动17场，邀请活动嘉宾和专家共86人次，线上活动现场参与超过2000人次，活动和文章涉及8个应急专业议题，参与组织类型包括基金会、区域枢纽组织、企业和国际组织。①

卓明灾害信息服务中心创始人郝南等人于2020年1月23日启动发起"NCP新冠生命支持网络"，整个网络包括线上诊所400多名包含医生、护士和医学生在内的医务工作者，网群联络小助手，卓明志愿者，等等。该网络为湖北疫区提供医疗、咨询和关怀服务，包括以心理上的关怀和陪伴为主的生命关怀、哀伤辅导、信息交流，以及针对特殊群体的项目，如建立针对武汉留守孕妇的组群。网络发起的制氧机项目，截至2020年2月19日，共发放了1990多台制氧机，是全湖北最大的一笔制氧机的捐赠，极大地缓解了整个湖北省的患者在院前缺氧的问题。此外，该网络发起呼吸机捐赠项目，联合国内13家基金会和公益组织，服务有呼吸机需求的医院和有捐赠意愿的基金会，网络收集呼吸机的货源、了解各医院对于呼吸机的需求，并联系医生和设备厂商、咨询专业人士意见。②

---

① 《CNC-COVID19：从应急响应期转向过渡重建期工作阶段》，基金会救灾协调会，2020年4月1日，https：//mp. weixin. qq. com/s/ilr89AMOraWp5i1eHhtHVg，最后访问日期：2021年3月9日。

② 《郝南：铺开线上线下的生命线 | 抗疫·见证·行动特别策划第2期》，公益网校，2020年2月21日，https：//mp. weixin. qq. com/s/5uCj6W3RPj1SHY9rQRbJ6A，最后访问日期：2021年3月9日。

北京市社会心理联合会、北京博能志愿基金会、北京惠泽人公益发展等公益机构发起"iwill 京鄂志愿者联合行动",该行动选拔出 140 多名具备专业能力的志愿者,为工作在抗疫一线的社会组织和志愿者提供建制化专业志愿援助。其中,行动组与武汉当地的逸飞社工中心开展合作,建立了"社区群-小组群-个案群"的"三群联动"模式,派遣专业志愿者针对武汉隔离居民开展服务,在线开展知识讲座、进行专业情绪疏导、开展心理应激干预等工作,总计开展了 15 场专家志愿者专题培训,听课人数共计 10 余万人次。① 此外,平台在这次抗疫服务递送过程中,提出"三师三线"的工作方针。"三师"指社工师、心理咨询师、医师;"三线"指一线的三师、二线的运营团队、三线专家志愿者,三师三线协调合作,共同提供抗疫服务。

5. 重点开展社区服务和弱势群体关怀

新冠肺炎疫情发生后,社会组织职能重心转移到基层社区,工作领域涉及"社会组织发展协调和支持""社区服务与社会发展""心理咨询""应急救援""医疗卫生""儿童发展""防灾减灾"等与新冠肺炎疫情息息相关的工作领域。在新冠肺炎疫情防控中,全国有 20 万名社会工作者投身抗疫工作,他们义务开通服务热线近 4000 条,线上为病患者和医务人员以及家属开展精神抚慰、心理疏导、情绪调节和生活帮助等各类社工服务,并开设系统讲座,培训一线社工人员和志愿者,累计服务 200 余万人。新冠肺炎疫情扩散到全国之后,全国各地普遍开展了疫情防控志愿服务,各地志愿者积极参与社区防控、防疫宣传、清点排查、隔离人员服务及管理、弱势群体及困难群众帮扶等工作。据民政部统计,全国各类疫情防控志愿服务活动及项目总数超过 35.9 万个,涉及参与疫情防控的注册志愿者人数达 691 万人,有记录的志愿服务时间达 2.31 亿小时。

(二)经验总结

社会组织在此次新冠肺炎疫情抗击中发挥了重要的作用,从快速的启动

---

① 《"京鄂 iwill 志愿者联合行动"启动》,人民政协网,2020 年 2 月 18 日,http://csgy.rmzxb.com.cn/c/2020-02-18/2522813.shtml,最后访问日期:2021 年 3 月 9 日。

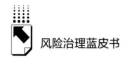

到紧密的协同，以往灾害应对中的成功经验被很好地复制到了此次重大突发公共卫生事件的响应过程当中。同时，作为其参与重大突发公共卫生事件的"首役"，社会组织也展示出与以往不同的特征。

1. 社会组织定位及职能有所转变

在此次新冠肺炎疫情应对中，许多社会组织意识到疫情防控有别于以往的灾害响应，服务对象需求差异较大。自然灾害发生之后社会组织能够提供直接服务，而公共卫生主要提供间接服务，医疗卫生领域的服务需要专业化的学习，与过去灾害响应在服务内容、应对方式等方面存在差异。在此过程中，社会组织的应对方式和发展策略都发生了调整。一是新冠肺炎疫情应对常态化、参与方式在线化，采用线上工具开展服务；二是将公共卫生事件的风险治理纳入机构长期发展战略，如计划设立关于卫生健康教育的长期项目，将卫生安全的宣传、教育纳入机构的未来发展规划，开发家庭应急包、救灾包、公共安全防范手册等公共卫生工具，将公共卫生领域专家吸纳进机构，为机构提供长期指导和帮助，等等；三是建立和培养专业性强的志愿者团队，在招募有相关背景和专业技能的志愿者的同时，对志愿者进行专业能力的培训，以保障服务递送的效果。

2. 服务对象参与到主体协同中

以往风险治理中积累的"政社、社社"协同经验在此次新冠肺炎疫情响应过程中得到了充分验证，社会组织在高复杂性、高强度的疫情响应工作中，迅速反应，或组建，或加入，或参与到相关响应网络或协调行动中，各类网络在新冠肺炎疫情期间广泛开展了线上能力建设、资源对接等工作，为社会组织参与新冠肺炎疫情应对提供了决策、智力以及资源支持。此外，社会组织的服务对象成为协同主体之一，这是凸显出的新特征。此次新冠肺炎疫情响应过程中，包括民众、社区、医院、业委会等主体在内的服务对象自愿协助社会组织开展工作，成为组织的志愿者或行动参与者。这种互动形式相较以往纯粹地提供服务，更像是"加盟合作"，社会组织与其服务对象处于双向互助的平衡中，救助对象同时也是自助者，这一模式在此次新冠肺炎疫情抗击尤其是湖北疫区的疫情响应中，尤为明显。

3."政社、社企"合作进一步加强

此次新冠肺炎疫情响应过程中，各方治理主体发挥优势和积极性，以实现政府、企业和社会组织等利益相关者之间治理机制的有效衔接。新冠肺炎疫情让政府职能下沉，更多部门和人员被借调至社区、街道参与具体的防疫工作，政府工作人员与社会组织共同参与治理，承担志愿者的职能，同时向更有社区工作经验的社会组织学习，形成非常态下的新模式。此时参与的政府部门工作人员身份更适合称为志愿者，但这一模式在一定程度上促进了地方政府部门和社会组织之间建立信任，有利于地方政社协同长远发展。社会组织和社会工作者的协同治理，主要体现在部分社工机构运用"三社联动"机制助力线下社区疫情防控。

此外，部分企业加入社会组织抗疫行动，有很多商业部门的项目管理人才加入项目中，通过自身的知识和能力，帮助社会组织梳理项目管理流程，完善紧急状态下志愿者管理体系。部分物流公司通过其自身与社区的合作关系，协助社会组织进驻社区提供服务。如湖北省红十字会在发生物资调配问题后，将相关业务委托给专司医药流通领域的九州通医药集团股份有限公司，迅速实现了治理效率的提升。

4. 智力支持和能力建设作用凸显

此次新冠肺炎疫情相较以往的突发公共事件有以下几个明显的不同。首先，新冠肺炎疫情及疫情防控的特殊需求使得线下交流变得困难，基于网络的沟通工具和组织管理工具成为重要的组织管理手段。其次，新冠肺炎疫情的强传播性和疫情防控的专业性对社会组织参与能力提出了较高的要求。最后，新冠肺炎疫情发展具有高度不确定性，需要更加合理的预判和决策以及高效、及时的响应。基于以上原因，在此次新冠肺炎疫情应对的多元主体协同中，针对一线社会组织的能力支持体系成为一大特点，整个疫情响应过程同时也是学习提升的过程，能力建设和智力支持的作用在此过程中被凸显了出来。这部分支持包括以下几个方面。一是专业工具、专业能力支持。新冠肺炎疫情期间社会组织加强专业化组织管理工具的使用，如预算管理工具的支持等。除日常的线上沟通工具外，部分相关领域服务经验或具有工具资源

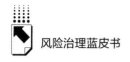
的社会组织对本机构工作人员、其他社会组织及志愿者进行时间短、内容精炼的技术和工具使用培训，通过后端支持前端的方式，协助一线疫情防控人员更加高效地响应和抗击疫情。此外，新冠肺炎疫情期间有大量的专业机构人员，组织开展对心理师、社工师、医师等专业志愿者的培训和内部学习，进行互动交流。二是成果交流、内容分享。协作网络、社会组织间更加频繁地采用腾讯会议、zoom等线上工具开展快闪形式的互动学习，加强信息分享和互动学习。除音视频之外，一些机构会及时将一段时间的信息及成果性内容整理成文字材料通过石墨等共享文档进行机构间信息传播。三是专家智力支持。新冠肺炎疫情早期成因、传播途径、易感人群均不清晰，新冠肺炎疫情抗击过程也是探索和认识的过程，在此过程中，越来越多的社会组织有意识寻求各类专家学者的建议和帮助，专家学者也积极参与到社会组织对于新冠肺炎疫情的响应过程中。一方面，专业观点为社会组织进行疫情防控行动决策提供帮助，比如专家对于疫情防控风险的评估及需求的判断能够促使社会组织进行项目的设计，专家也可以为机构有效链接更多资源。另一方面，部分社会组织定期开展和专家学者间沙龙、线上工作坊等形式的对话，为新冠肺炎疫情结束后机构发展方向提供帮助。专家学者也通过对社会组织参与疫情抗击工作的观察，更好地开展学术研究、提出政策建议、提供协助。此外，部分机构以此次新冠肺炎疫情为契机，与研究机构、高校建立了长期的合作发展计划，这对于社会组织发展和参与公共治理将起到促进作用。

5. 社区及弱势群体是社会组织关注重点

社会组织关注重点、难点区域，广泛参与到医疗机构、社区防疫中。在指挥部门、协调网络等协同引导下，社会组织对于防疫物资、生活物资缺口较大的定点医院、方舱医院、集中隔离点等医疗机构以及社区，投入了大量资金、物资及人力，在资助医护人员、社区居民的同时，慈善力量关注不同人群的个性需求，关注社区疫情防控工作的开展以及引发的其他社会问题，开展专业支持、关注弱势群体需求。社会组织的多元化程度高，涉及社会事业的方方面面，深入社会的各个阶层，关注因新冠肺炎疫情而生活更加困难的群体，部分一线社工机构主动去做调研，去了解居民的需求。如开展独居老人帮扶、残疾人保护、孕产妇支持、儿童防疫、志愿者支持项目等。在此期间，以资助者为主要定位的基金会发挥资源优势，将社会资本引入社区疫情防控之中开展和支持多样的疫情防控项目，开展针对病毒和防疫方面的科研资助和技术支撑。

四　发展展望

在此次新冠肺炎疫情应对中，社会组织拓展了疫情防控的强度与广度。社会组织由于贴近一线、行动灵活，能够满足个性化需求，在疫情应对中响应速度快、参与热情高、活动范围广、服务领域宽，在弱势群体、专业领域救助等方面提供了强有力的保障。但不同于其他重大突发事件，此次公共卫生事件应对的高专业性需求、封闭式管理方式，使得社会组织在疫情响应过程中暴露出一些不足，同时也为未来社会组织参与风险治理提供了思路。

（一）挑战

一是社会组织参与风险治理体系缺乏统筹。社会组织参与风险治理的职能按照具体内容的不同被划分隶属于不同的行政部门，新一轮机构改革使得民政部的救灾职能划归到应急管理部，应急管理部承担事故灾难和自然灾害两类突发事件应急职责，民政部保留社会组织管理和慈善捐赠管理职能。其中，部门间管理和协同社会组织风险治理的职能并没有很好地衔接。按照法定职责，应对突发公共卫生事件的职能集中于卫生健康部门，此次新冠肺炎疫情是新一轮机构改革之后发生的第一次特别重大突发公共卫生事件，卫生健康部门不承担社会组织管理和服务的职能，新冠肺炎疫情来势汹汹，应急管理部门难以快速发挥应急统筹协调作用。由于应对不同类型突发公共事件，不同领域和服务内容需要协同的政府部门不同，存在多头管理、缺乏统筹等难点，在社会风险治理大的环境和框架下，社会组织的参与可谓势不可挡，涉及社会组织的参与内容，如款物捐赠、救援救助、社会动员、监督管

理等，各部门理应更进一步统筹和协同。

二是在以政府工作为主的救灾体系中，社会组织参与体系定位不够明确。在政社协同救灾方面，未能有效构建联动机制，除对于款物有明确的对接接口和文件规定外，对于社会组织在应急场景下的人员、信息、行为难以充分保障及管理，缺乏必要的政策支撑，也未将社会组织参与行为明确纳入政府的应急预案之中。可以参考的政策文件通常为指导意见，落实到地方，在有关社会组织参与风险治理的内容上，通常是"一地一令"，难有统一的理论和方法论，这虽然方便了根据地情、灾情因地制宜开展风险治理，也在一定程度上局限了社会组织的参与行为。

三是社会捐赠评估体系尚未建立。新冠肺炎疫情期间，湖北省研究起草了多份文件，明确社会捐赠资金分配原则、资金使用范围、资金分配方法、资金分配的审批审核程序等，一定程度上规范了资金和物资捐赠的使用，但缺乏长效监管，未建立及时有效跟踪监管机制，后续资金的使用情况、项目成果、评估反馈情况缺乏应有的统计和第三方评估机制。缺乏对于参与社会物资捐赠、运输、分发等环节的社会组织的系统评估，枢纽型行业机构作用未充分发挥和体现。

四是对于风险治理缺乏全局意识。由于新冠肺炎疫情突然暴发，多数社会组织不具备针对重大突发公共卫生事件的应急预案和响应方案，应急响应结束后，未能充分对新冠肺炎疫情期间工作进行复盘和评估，总体来说，社会组织缺乏风险治理全链条参与机制。以物资分发为例，新冠肺炎疫情期间社会捐赠归集激增政府部门的工作量，容易导致应急物资应对出现问题，政府对于社会应急物资捐赠的接收、分配引导不足，由于信息不对称，易造成"问题物资"、物资堆积甚至可能在一些地区演化为群体性事件。物资分发不仅是应急响应阶段的单一工作内容，还涉及事前的物资储备、建立物资采购渠道和物流网络，事中的物资运输、储存、转运、分发，以及事后的处置、回收、保存、核销等，此外还涉及信息、人力、运力的协同和转换。

五是国内社会组织发展存在差异性，风险处置能力不均衡。目前我国社会组织还处于发展初期，在全国的发展不均衡，北京、上海、广东、四川等地公益力量发展相对充分，社会组织数量相对较多，能力相对较强，其他地方公益力量大多较弱。社会组织能力的差异化也在一定程度上导致对于社会组织了解不足的政府部门缺乏对社会组织的支持和信任。此外，社会组织普遍缺乏风险管理意识和准备。此次新冠肺炎疫情发生的突然性、演变的不确定性、处置的紧迫性和后果的不可预测性，极大地挑战了社会组织的风险处置能力。由于缺乏对新冠肺炎疫情等重大公共卫生事件的应对经验，社会组织缺少事前应急准备，包括相关专业能力建设、响应机制、应急预案及培训演练等，这在一定程度上影响了此次疫情响应的效率和效果。

（二）建议

一是依法厘清各部门在应对重大突发公共事件社会组织参与方面的权责关系，做好政府部门纵向和横向的接口管理。坚持政府主导和社会协同并行，继续加强政府部门业务主管的社会组织、红十字会在应急动员中的主力军作用，提升其应急动员和风险处置能力，强化其与专业机构的合作能力，同时加强对其相应风险治理活动的监管和指导。政府可以公开指定、有序引导，但不应做强制限定、大包大揽。原则上只要在法律允许和章程规定的业务范围内，社会组织可以自主参与重大突发公共事件的风险治理工作。应当设置专业社会组织的认证及优先准入机制，对专注救灾的大型慈善组织、专业社会救援队、公益物流等组织，建立相应的标准和规范，保障专业力量参与协同的权利。

二是加强社会组织顶层设计和长效机制建设。充分认识社会组织在国家治理体系与治理能力现代化中的重要角色。适当为社会组织或慈善机构赋权，为其行动提供制度性基础，为社会组织参与风险治理和应急管理提供行为准则与行动指南，拓展公益发展的合法性空间。建立重大突发公共事件的社会联动应急管理体系，将社会组织纳入应急管理体系和联防联控机制，坚持款物捐赠与社会服务并重，优化社会力量参与结构，着力发展慈善服务。

三是加强社会组织参与风险治理相关法治建设。有关部门应就此次新冠肺炎疫情中因社会组织广泛参与而出现的新情况和新观念，在《中华人民

共和国突发事件应对法》《中华人民共和国传染病防治法》等法律基础上，将涉及慈善力量、社会组织的相关内容增补到法律中，适时填补和完善《中华人民共和国公益事业捐赠法》等立法过程中因删除募捐专章留下的制度空白和制度缺陷，完善《中华人民共和国慈善法》确立的慈善募捐制度和突发事件应急条款，制定"慈善募捐（管理）条例"，推进慈善法治与慈善治理现代化。制定重大突发公共事件下社会力量动员应急预案，明确响应流程和机制，设置相应职能指挥部门，建立常态和非常态下社会力量动员的政社协同机制。畅通社会力量制度化参与重大突发公共事件风险治理渠道，真正向联防联控模式转变。

四是推进建立调查评估机制和社会影响评估。完善快速评估、项目评估的标准和操作机制。此前国家在社会治理领域开展了强有力的推进性工作，但目前仍缺少一个系统化的社会治理体系的真实发生。社会组织作为社会治理体系主要参与者和公共服务递送者，需要规范化的评估机制对其行为、影响进行评估，目前相关的操作体系仍远未建立健全。应尽快推进社会评估体系建立，完善评估规范和标准，细化评估指标，引入专业支撑的第三方评估机构，规范第三方评估机构参与资质和行为。

五是建立健全社会组织在多领域的响应机制与工作体系，挖掘组织优势，加强能力建设。建立社会组织在多领域的响应机制与工作体系，提前制订相关预案，协调多方共同开展突发事件应对的讨论和演练，梳理不同类型重大突发事件的工作流程和工作机制。提升针对多领域突发事件响应技能，包括发展公益服务线上运作的基础设施和相关的能力建设工作。明确社会组织在风险治理中的定位，细化专业领域，提升专业技能，加强自身韧性，建立与地方政府、其他社会组织之间的多元链接，立足属地开展服务。提升专业化技能和快速响应能力，加大人才培养力度，加强对工作人员和志愿者的培训，提高其风险处置水平和救援救助效率。

六是强化科技支撑机制。将科技创新成果运用到应急管理工作及应急产业中，发挥大数据平台、人工智能、物联网、区块链、5G 通信技术等优势。推动互联网公募信息平台成为公益行业数字化建设好助手，在常态下开发应对不同级别突发公共事件的筹款页面模板及应急处置标准作业程序，做好信息搜集、产品开发、上线推广等的日常技术准备。着力推动大数据平台建设，汇聚各类主要平台的负责人和技术人员，打破平台间技术壁垒和利益壁垒，利用区块链技术打通具有统一公开募捐备案编号的公益项目在不同平台上的筹款数据，强化慈善捐赠信息统计和大数据、云计算能力。开发移动互联网备案平台，慈善组织可以通过手机端直接申请备案。减少人工审核程序，通过信用担保，更快发放备案许可。

参考文献

宫蒲光：《慈善事业：疫后反思》，《社会治理》2020 年第 6 期。

金锦萍：《疫情应对中慈善组织的特殊规范和行动特点》，《学海》2020 年第 2 期。

李维安：《抗疫情亟需提升应急治理的有效性》，《经济管理》2020 年第 3 期。

李春艳：《我国 NGO 在突发公共卫生事件应急管理中的作用——以抗击新型冠状病毒疫情为例》，《学会》2020 年第 3 期。

凌春香：《应对疫情，公益基金会都做了什么？》，南都观察官方帐号，2020 年 2 月 2 日，https：//mp. weixin. qq. com/s/6YzFMwnB5ZRs-h1Mjov1WQ，最后访问日期：2022 年 3 月 2 日。

林红：《疫情中，民间自救行动的涟漪效应》，奴隶社会的博客，2020 年 2 月 27 日，https：//mp. weixin. qq. com/s/wFhphfZG72M-xjZ7KUi68A，最后访问日期：2022 年 3 月 2 日。

卢磊：《社区疫情防控：制度引领、行动景象和未来思考》，《社会福利》2020 年第 3 期。

马伊里：《疫情当前，社会组织的优势在于组织社会参与，链接社会资源，提供专业服务，回应社会需求》，爱德传一基金，2020 年 4 月 5 日，https：//mp. weixin. qq. com/s/HlsNrhDS915jGnus6S4d1w，最后访问日期：2022 年 3 月 2 日。

彭艳妮：《"抗疫"中，公益组织暴露出哪五个关键问题？》，社会创新家，2020 年 3 月 2 日，https：//mp. weixin. qq. com/s/EXy－37ENWpdaF5V－raYKug，最后访问日期：2022 年 3 月 2 日。

陶传进：《战疫大考，社会组织不可盲目乐观，更不能自我陶醉》，中国基金会发展论坛，2020 年 3 月 11 日，https：//mp. weixin. qq. com/s/jUHkXp1BAGdO_ KMfMpno1Q，最后访问日期：2022 年 3 月 2 日。

佟欣然：《从芦山到九寨沟——灾害治理中政社协同机制比较研究》，学术论文联合对比库，2018。

王东明：《从救灾捐赠角度分析灾害社会治理政策发展》，《中国民政》2015 年第6 期。

薛澜：《疫情恰好发生在应急管理体系的转型期》，清华大学公共管理学院应急管理研究基地，2020 年 3 月 15 日，http：//ccmr. sppm. tsinghua. edu. cn/cnews/935. jhtml，最后访问日期：2020 年 4 月 5 日。

向德平：《提升应对重大突发疫情的治理能力——以武汉市为例》，《社会学评论》2020 年第 2 期。

杨团：《疫情抗击当下，民政部门动员和支持社会组织为政府做好补充和助力非常重要》，爱德传一基金，2020 年 1 月 16 日，https：//mp. weixin. qq. com/s/jV3d9lxs1fsVdUn3tN0FLw，最后访问日期：2022 年 3 月 2 日。

杨团：《全国抗疫之战可转化为推动政社协同、政社合作的契机》，爱德传一基金，2020 年 2 月 6 日，https：//mp. weixin. qq. com/s/-ExMQURMYJ_ hxLP742tvjg，最后访问日期：2022 年 3 月 2 日。

张强：《如何定位基金会在疫情应对中的角色和工作路径？》，中国基金会发展论坛，2020 年 2 月 11 日，https：//mp. weixin. qq. com/s/9ACnEWVy1SJEWnBiw7n-vQ，最后访问日期：2022 年 3 月 2 日。

郑子青：《从新冠肺炎疫情应对看慈善参与短板和未来发展》，《社会保障评论》2020 年第 2 期。

邓国胜等：《响应汶川——中国救灾机制分析》，北京大学出版社，2009。

韩俊魁：《NGO 参与汶川地震紧急救援研究》，北京大学出版社，2009。

《湖北省新冠肺炎疫情防控社会捐赠工作报告 2020》，内部资料，2020。

《民政部关于新型冠状病毒肺炎疫情防控工作文件、公告汇编（续）》，《中国社会报》2020 年 2 月 10 日，第 6 版。

《共建更加美好的社会———百余家基金会携手营造良好公益环境》，中国基金会发展论坛，2020 年 5 月 19 日，https：//mp. weixin. qq. com/s/FWkO7mt-WqPmG2mLKZxAjA，最后访问日期：2022 年 4 月 11 日。

《民政部关于支持引导社会力量参与救灾工作的指导意见》（民发〔2015〕188 号）。

《中共中央 国务院关于推进防灾减灾救灾体制机制改革的意见》（中发〔2016〕35 号）。

B.5
中国企业参与风险治理报告

石 琳　郭沛源　彭纪来*

摘　要： 企业是风险治理过程中的重要相关方，为了解中国企业参与风险治理的情况，本文梳理了在不同发展阶段，特别是新型冠状病毒肺炎疫情（下文简称"新冠肺炎疫情"）背景下，中国企业参与风险治理的表现。研究发现，中国企业参与风险治理的动力主要来源于国家政策要求、企业社会责任和自身风险管理三方面，改革开放后，中国企业参与风险治理经历了从配合参与到主动参与的阶段演变，特别是在新冠肺炎的应对中，中国企业利用专业优势，加强分工协作，正逐渐成为风险治理中的重要力量。但企业仍需提升对风险的系统性认识，加强参与机制建设。

关键词： 风险治理　企业社会责任　中国企业　新冠肺炎疫情

一　企业参与风险治理的背景和意义

我国是一个自然灾害相对频发的国家，根据应急管理部的统计，2021年，我国自然灾害形势复杂严峻，极端天气气候事件多发，主要的自然灾害包括洪涝、风雹、干旱、台风、地震、地质灾害等，全年共计1.07亿人次因自然灾害受灾，仅7月份的河南特大暴雨，就造成河南省150个县1478.6

---

* 石琳，商道研究院研究员，研究方向为企业社会责任；郭沛源，商道咨询首席专家、商道研究院院长，研究方向为企业社会责任、责任投资；彭纪来，商道咨询北京总经理、合伙人，研究方向为企业社会责任、公益项目评估。

万人受灾。① 除了相对频发的自然灾害外，2020 年新型冠状病毒肺炎疫情（下文简称"新冠肺炎疫情"）也给我们敲响了警钟，这是继 2003 年"非典"疫情之后又一突发公共卫生事件，而且波及范围更广，影响程度更深。目前虽然随着疫苗的推广，我国疫情形势已经得到一定程度的控制，但仍面临着"外防输入、内防反弹"的防疫压力。未来，考虑到气候变化的影响，各种因素的叠加可能会给风险治理带来更多挑战。

企业是社会的有机组成部分，在一般时期它承担着提供就业、组织生产、活跃经济等职能，但在风险治理时期，企业也可以凭借其在专业领域的能力和资金优势，参与风险的救治、灾后重建等工作。比如在 2020 年的新冠肺炎疫情救助过程中，据统计，截至 2020 年 3 月 7 日企业捐赠总额超过300 亿元。由此可知，企业已经成为社会风险治理中不可忽视的力量。

（一）企业参与风险治理的相关概念

1. 风险治理

"治理"一词在社会科学中被广泛地定义为指导和约束群体集体活动的非正式和正式过程和制度。② 现代社会的治理通常被理解为政府机构与非政府机构间的相互作用。风险治理是指引导和约束一个群体、社会或国际社会的集体活动来规范、减少或控制风险问题的制度结构和政策过程。③ 风险治理的核心主张包括多主体参与，贯穿全过程的风险沟通，以及综合评估与及时反馈。④ 在学术讨论上，风险治理中的风险可以分为不确定性风险、复杂

---

① 《应急管理部发布 2021 年全国自然灾害基本情况》，中华人民共和国应急管理部官网，2022年 1 月 23 日，https://www.mem.gov.cn/xw/yjglbgzdt/202201/t20220123 _ 407204.shtml，最后访问日期：2022 年 4 月 10 日。

② Robert O. Keohane and Joseph S. Nye. "Introduction", *In Governance in a Globalizing World*, ed. J. S. Nye, and J. D. Donahue, (Washington, DC: Brookings Institutions, 2000), pp. 141.

③ Ortwin Renn: *Risk Governance. Coping with Uncertainty in a Complex World* (London: Earthscan, 2008), pp. 22-40.

④ 朱正威、刘莹莹：《韧性治理：风险与应急管理的新路径》，《行政论坛》2020 年第 5 期，第 81~87 页。

性风险和模糊性风险①，但在现实层面，风险治理讨论的风险往往被当成一个统一的概念简化处理。为方便讨论，本文所论述的风险主要指能在短时间给人民生命安全和社会稳定带来巨大冲击的、由突发性灾害引发的公共风险。

2. 风险治理与风险管理

风险治理不同于风险管理。首先，两者参与的主体不同，风险治理强调多主体参与，因此政府、企业、社会组织、公众都可以参与其中，而风险管理的主体往往是企业和组织。其次，两者应对的风险虽然在一定程度上可以互联转换，如化工企业发生爆炸是企业风险，也可能上升为公共风险，但总体而言，风险治理更侧重应对由多种因素叠加、耦合形成的公共风险，是一系列灾害共同作用的结果；而风险管理更侧重应对企业风险，和企业的自身发展密切相关。以国资委的《中央企业全面风险管理指引》②为例，其中对风险的定义是指未来的不确定性对企业实现其经营目标的影响，而需要采取行动的主体还是企业。

（二）企业参与风险治理的动力

1. 政策要求

一直以来，国内外不断出台应对突发性自然灾害和公共风险的文件，要求相关主体各尽其职、协同治理，企业作为其中重要的利益相关方，更应该积极参与风险治理。在国家层面，《国家突发事件应急体系建设"十三五"规划》《国家突发公共事件总体应急预案》都强调社会共同参与的理念；原卫生部（现卫健委）制定的《国家突发公共卫生事件应急预案》中明确指出，在突发事件中，政府能紧急征调、征用有关单位和个人的物资，企业等

---

① Ortwin Renn and Katherine Walker: "Lessons Learned: A Re-Assessment of the IRGC Framework on Risk Governance", *In The IRGC Risk Governance Framework: Concepts and Practice*, ed. O. Renn, and K. Walker (Heidelberg and New York: Springer, 2008), pp. 131–167.

② 《关于印发〈中央企业全面风险管理指引〉的通知》，国务院国有资产监督管理委员会官网，2006 年 6 月 20 日，http://www. sasac. gov. cn/n2588035/n2588320/n2588335/c4258529/content. html，最后访问日期：2022 年 4 月 10 日。

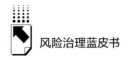

要予以配合。联合国在第三届世界减灾大会通过了《2015—2030 年仙台减轻灾害风险框架》，框架要求充分发挥政府、企业和社会力量的作用，提升风险综合防范能力。

2. 企业社会责任

"企业社会责任"源于英文 Corporate Social Responsibility。一般认为，这个概念最早诞生于 1924 年，由英国学者欧利文·谢尔顿（Oliver Sheldon）提出，根据谢尔顿的观点，企业社会责任是公司经营者满足产业内外各种人群需要的责任，并且该责任包含道德因素。随着时代的变迁，不同的学者和机构也从不同的角度对企业社会责任的概念进行了阐释，比如：约翰·埃尔金顿（John Elkington）的三重底线理论，他提出企业最基本的责任包括经济责任、环境责任和社会责任；彼特（Porter）和克莱默（Kramer）根据战略契合度将企业社会责任内容区分为战略性企业社会责任和回应性企业社会责任；联合国全球契约组织认为企业履行企业社会责任应当遵循全球契约十项原则，涵盖人权、劳工标准、环境和反腐败四个方面。到目前为止，虽然企业社会责任的提法已经被广泛接受，越来越多企业也注重履行企业社会责任，但企业社会责任并没有形成一个统一的定义。

从概念的出处来看，企业社会责任源于西方，但是在中国古代关于义利观的思辨中[①]，也可以窥见企业社会责任观念的雏形，比如儒家推崇的"见利思义""义以为上"等观点。中国现代意义上的企业社会责任和改革开放密切相关。改革开放为中国企业社会责任的履责主体——国有企业、民营企业、外资企业和股份制企业等——提供了政策保障，同时随着现代企业制度的引入以及全球化带来的跨国供应链管理问题，企业社会责任真正扎根中国，开启具有中国特色的理论实践。

2005 年 10 月 27 日修订的《中华人民共和国公司法》[②] 明确提出："公

---

① 于雅章：《传统义利观及其对我国企业履行社会责任的启示》，《中国集体经济》2019 年第 35 期，第 66~67 页。

② 《中华人民共和国公司法》，中国政府网，2005 年 10 月 27 日，http：//www.gov.cn/flfg/2006-10/29/content_ 85478. htm，最后访问日期：2022 年 4 月 10 日。

司从事经营活动，必须遵守法律、行政法规，遵守社会公德、商业道德，诚实守信，接受政府和社会公众的监督，承担社会责任。"自此，企业社会责任从学术研究和公司自主实践上升为法律要求，同时在相关部委和地方政府的积极引导下，在行业协会和专业机构的多方推动下，中国企业社会责任呈现多元化的快速发展势头，企业社会责任报告发布数量逐年递增，企业社会责任培训和奖项评比愈加专业化。根据商道纵横的统计，截至 2021 年 5 月 31 日，仅 A 股上市公司就有 1092 家发布了 2020 年企业社会责任报告（含环境、社会与公司治理报告和可持续发展报告），占全部上市公司的 25.3%，且 A 股上市公司的报告发布率持续增长。

企业参与风险治理是企业履行企业社会责任的重要内容。2007 年，国资委印发的《关于中央企业履行社会责任的指导意见》中提出，央企履行社会责任的主要内容包括参与社会公益事业，在发生重大自然灾害和突发事件的情况下，积极提供财力、物力和人力等方面的支持和援助。[①] 国家减灾中心孙燕娜从树立企业良好形象、加强企业安全管理、稳定企业正常运行等角度，论证了企业参与灾害管理的必要性，认为参与灾害管理是企业承担社会责任的突出表现。[②]

3. 自身风险管理的需要

任何企业都不可能脱离社会、经济背景而存在。因此，全社会所面临的公共风险与单个企业所面临的风险常常是相互关联的，参与公共风险治理也符合企业做好自身风险管理的需求。首先，一些特定类型的风险，需要联防联控，只有公共的风险治理做好了，单个企业的自身风险才会显著下降。传染性疾病的防控就是一个典型的例子，独善其身并不能解决问题。其次，参与公共的风险治理，可以帮助企业更及时有效地获得风险预警等相关信息，此类信息常常是企业风险管理的决策因素之

---

① 《关于印发〈关于中央企业履行社会责任的指导意见〉的通知》，中国政府网，2008 年 1 月 4 日，http://www.gov.cn/zwgk/2008-01/04/content_ 850589.htm，最后访问日期：2022 年 4 月 10 日。

② 孙燕娜：《我国企业参与灾害管理探索》，《中国减灾》2010 年第 9 期，第 30~32 页。

一。最后，在参与风险治理的过程中，企业也可以吸收公共部门风险治理及其他企业风险管理的一些良好实践经验，从而提高自身风险管理的能力。

二 中国企业参与风险治理的发展历程

改革开放以后，随着政策环境的变化，以及企业社会责任意识的觉醒，中国企业已经逐步参与到风险治理的行动中，并且成为风险治理体系中不可或缺的力量。企业参与风险治理的发展历程是企业参与社会治理这个宏观命题在风险治理领域的一个缩影，它反映了政企关系的变化，也反映出了企业能力的变化。虽然在改革开放以前，企业也会参与到风险治理的过程中，但更多是在政府的强力指引下，发挥其相应的社会功能。比如在唐山地震中，中央企业直接接受国家拨款，自主进行灾后重建。① 改革开放以后，伴随社会主义市场经济体制的建立、整体营商环境的改善，企业在我国经济发展和社会治理中扮演了越来越重要的角色。企业参与风险治理的积极性也在逐步提高。截至新冠肺炎疫情前，根据企业参与风险治理的整体表现，可以大致划分出三个不同的阶段，分别是配合参与阶段（改革开放至"非典"疫情）、探索参与阶段（"非典"疫情至汶川地震）和共同参与阶段（汶川地震至新冠肺炎疫情前），具体如下。

（一）配合参与阶段（改革开放至"非典"疫情）

改革开放以后，中国应急管理体系进行了升级调整，在原有的单灾种对应单部门的基础上，增设了跨部门协调机制，建立了国家减灾委员会、国家防汛抗旱总指挥部等，但是在很长一段时间内，"大政府小社会"的治理格局没有发生根本性改变。中央政府通过政策制定以及政策执行，全方位指挥

---

① 李明：《重特大灾害灾后重建模式与制度创新反思》，搜狐网，2017 年 8 月 11 日，https://www.sohu.com/a/163695296_115495，最后访问日期：2022 年 4 月 10 日。

灾害预防、灾害应对以及灾后重建各阶段的工作；其他社会力量包括企业在灾害应对中的地位并不明确，作用并不显著。

在这一阶段，企业参与风险治理的形式为捐物和捐款，而且救灾行动对优惠政策的依赖度高。以"非典"疫情为例，为应对疫情进一步扩大的风险，财政部和民政部联合发布新中国成立以来最大一次"减税计划"，规定"对企业、个人等社会力量向防治'非典'事业捐赠的现金和实物，允许在缴纳所得税前全额扣除"。规定发布后的 3 天里，仅北京市捐资金额就增长了 1 倍多，捐款增速远超 1998 年洪水灾害时。从捐赠总量来看，国有企业表现最为积极，其中国网通（2009 年重组合并成中国联通）以 5000 万元居于捐款榜首，民营企业和外资企业相对低调。从捐赠形式来看，中国企业以捐赠现金为主，外资企业以捐赠自己的产品为主。①

（二）探索参与阶段（"非典"疫情至汶川地震）

"非典"疫情发生后，我国确立了"一案三制"的应急管理体系建设战略，力求以建立应急管理预案体系为突破口，逐步建立健全应急管理的体制、机制和法制。"一案三制"战略的提出，为企业参与灾害治理提供了机会窗口。《国家突发公共事件总体应急预案》指出要"加强以属地管理为主的应急处置队伍建设，建立联动协调制度，充分动员和发挥乡镇、社区、企事业单位、社会团体和志愿者队伍的作用，依靠公众力量，形成统一指挥、反应灵敏、功能齐全、协调有序、运转高效的应急管理机制"。② 截至 2007 年底，"一案三制"战略基本实现。

在这一阶段，企业参与风险治理的形式虽然仍以捐款和捐物为主，但也有部分企业尝试投入人力、设备和技术参与救灾。如在汶川地震发生后，中

---

① 罗昌平、张宁：《非典能否让企业捐赠机制升级》，《中国商界》2003 年第 8 期，第 29~32 页。

② 《国家突发公共事件总体应急预案》，中华人民共和国应急管理部官网，2006 年 2 月 20 日，https：//www. mem. gov. cn/xw/jyll/200602/t20060220_ 230269. shtml，最后访问日期：2022 年 4 月 10 日。

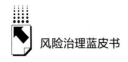

国医药集团紧急调配呼吸机、心电监护仪、手术器械、输液器和抗生素等设备和药品运往灾区，并严令子公司所属零售药店不得随意提价；江苏黄埔再生资源利用有限公司迅速组建救援队伍，配备机械设备奔赴灾区，成为民间首支抗震救灾力量；华为技术有限公司带领技术专家，奔赴前线投入当地通信网络的重建和维护中。

企业参与风险治理的响应速度和捐赠总额在汶川地震中取得突破，企业参与风险治理的积极性有了显著提升。2008年中国社会捐款总额首次突破千亿元，汶川地震的捐款近600亿元。汶川地震后次日，万达集团通过四川省慈善总会向受灾地区捐款500万元；震后一周，国有企业累计捐款捐物超过10亿元。另外，相比配合参与阶段，民营企业参与风险治理的作用更加突出。根据中国慈善排行榜"5·12"赈灾排行榜数据：捐赠数额超过1500万元的企业中，民营企业有58家，数量高于国有企业和外资企业；捐款数额过亿元的12家企业中，民营企业数量和国有企业持平。

另外，在国有企业和民营企业因为抗震救灾的积极表现获得公众认可的同时，外资企业却因为反应速度较慢、捐款额度较少受到公众指责，甚至入选"国际铁公鸡排行榜"，对品牌形象造成极大的负面影响。① 究其原因，这在一定程度上也反映了外资企业传统的捐赠方式和慈善理念在参与风险治理中的"水土不服"，一方面受限于企业内部繁杂的审批制度以及制度要求，所以反应速度较慢，另一方面需要综合考虑捐赠方案和公司企业社会责任战略的匹配程度和执行效果，所以能灵活调动的资金有限。因此对于外资企业而言，参与风险治理需要考虑在遵循自身规则的基础上，更加灵活敏捷，加强信息沟通，更好地回应公众诉求。

（三）共同参与阶段（汶川地震至新冠肺炎疫情前）

汶川地震之后，公共安全议题受到更多关注，党的十八大提出要加强公

---

① 于佳莉：《巨额善款下的企业慈善攻略》，公益时报网，2008年12月6日，http：//www.gongyishibao.com/zhuan/csdh/special/news4.html，最后访问日期：2022年4月10日。

共安全体系建设，我国应急管理体系建设进入新时期。[①] 2017 年，《国家突发事件应急体系建设"十三五"规划》施行，方案针对应急管理体系与公共安全形势不适应的问题，提出全方位、多层次的目标与举措，并计划到2020 年建成全社会共同参与的突发事件应急体系。[②] 2018 年，应急管理部成立，作为全国应急管理系统的指挥部，负责协调政府各部门的应急管理，调动多方应急物资。

在这一阶段，对于广大企业来说，捐赠仍然是企业参与风险治理的重要特征，但是也有不少企业已经有意识地将自己的产品、技术和优势资源等应用于灾害救助，并形成相应的行动机制，在第一时刻发挥作用。如可口可乐中国在 2013 年四川雅安地震中启动的"净水 24 小时"应急救援机制[③]，通过可口可乐庞大的业务运营和物流网络，与政府及深圳壹基金公益基金会等专业救援伙伴合作，多次在灾害发生后的 24 小时内为社区提供应急饮用水。

在汶川地震的捐款风波之后，虽然企业在后续灾害中的捐款总额不断回落，但企业对灾害的响应速度持续提升。根据商道纵横的调查[④]，多数知名企业能在 72 小时内对灾害做出响应，而救灾需求信息不畅是该阶段企业不能做出科学决策的核心障碍。另外，也有企业在实践中不断反思救灾过程中物资捐赠的盲目性和仓促性[⑤]，关注救灾项目整体的实效性，企业理性救灾成为趋势。

同时基于汶川地震的经验，企业对参与风险治理的过程阶段有了更全面

---

① 王亚文：《中国政府应急管理体系变迁与思考》，《经济研究导刊》2020 年第 9 期，第 183~184 页。

② 《国家突发事件应急体系建设"十三五"规划》，中国政府网，2017 年 1 月 12 日，http://www.gov.cn/zhengce/content/2017-07/19/content_ 5211752. htm，最后访问日期：2022 年 4月 10 日。

③ 《可口可乐：净水 24 小时灾后应急救援》，公益时报网，2015 年 11 月 19 日，http://www.gongyishibao.com/html/qiyeCSR/8779. html，最后访问日期：2022 年 4 月 10 日。

④ 彭纪来：《鲁甸救灾，企业如何应对？》，商道纵横官网微信，2014 年 8 月 26 日，https://mp.weixin.qq.com/s/LQcyq3U2-41diKHejAptTQ，最后访问日期：2022 年 4 月 10 日。

⑤ 若乙：《灾害面前，你和企业如何应对？》，商道纵横官网微信，2016 年 7 月 13 日，https://mp.weixin.qq.com/s/Sm5rJvEwiiQeUG18g9-aUw，最后访问日期：2022 年 4 月10 日。

的了解，因此在公益项目的设计上除了关注灾害过程中的紧急救援，也会考虑灾害预防以及灾后重建等相关内容。比如，伊利集团在 2012 年启动"伊利方舟"项目，致力于让儿童学会自我保护，项目的重点关注领域之一就包括对特定自然灾害的识险、避险及自护能力提升，提升儿童的安全意识，防患于未然。[①]

三 2020年中国企业参与风险治理的实践与分析

2020 年初突发的新冠肺炎疫情，成为世人关注的突发公共卫生事件。疫情之下，中国企业普遍面临不同以往的企业经营压力，如现金流趋紧、供应链中断、市场供求普遍下滑等[②]，但中国企业依然积极履行企业社会责任，联合社会力量共同抗疫，在企业捐款总额和应急响应速度等方面都取得了突破。

相比前文提到的三个发展阶段，中国企业此次参与风险治理的表现一方面体现了优秀经验的传承，另一方面也展现出了新的特征以及反映出新的问题。同时参考 2021 年中国慈善榜慈善项目的申报情况可知，2020 年企业捐赠资金的两大重点流向分别是疫情防控和脱贫攻坚，抗击新冠肺炎疫情是 2020 年中国企业参与风险治理的最重要也最具代表性事件。因此以中国企业参与抗击新冠肺炎疫情为例，对 2020 年中国企业参与风险治理情况进行分析。在 2020 年全国大规模抗疫结束之后，虽然新冠肺炎疫情在多地存在局部暴发的情况，但考虑到企业参与的规模相对较小，此处暂不纳入数据统计。

---

① 郭沛源：《汶川十年 看企业救灾》，2018 年 5 月 31 日，http://www.21jingji.com/2018/5-31/xMMDEzODFfMTQzNDIxMw.html，最后访问日期：2022 年 4 月 10 日。

② 《新冠肺炎疫情对中国企业影响评估报告》，联合国开发计划署官网，2020 年 4 月 7 日，https://www.cn.undp.org/content/china/zh/home/library/crisis_prevention_and_recovery/assessment-report-on-impact-of-covid-19-pandemic-on-chinese-ente.html，最后访问日期：2022 年 4 月 10 日。

（一）企业参与抗击新冠肺炎疫情的整体表现

根据《企业战疫责任力调研报告》，截至 2020 年 3 月 7 日，企业抗疫捐赠总额超过 300 亿元，其中现金捐赠总额约为 224 亿元（见图 1），可统计的物资捐赠总额达到约 78 亿元。从捐赠企业类型来看，民营企业是捐赠主力，然后依次是国企及其下属公司、外企、央企等。从行业类型来看，信息技术互联网企业的捐资总额最高，然后依次是金融、能源、地产等，而医疗行业的捐物总额最高。从捐赠流向来看，红十字会和慈善总会系统是企业的多数选择。

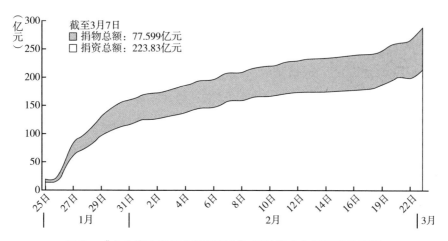

图 1　《企业战疫责任力调研报告》统计的企业捐资捐物总额

资料来源：《企业战疫责任力调研报告》，中国经济网，2020 年 5 月 19 日，http：//www.ce.cn/macro/more/202005/19/t20200519_ 34939413. shtml，最后访问日期：2022 年 4 月 12 日。

在企业迅速、巨额的捐赠背后，还蕴含着企业参与抗疫救灾理念的升级，企业正在从以往回应型参与进化成和企业社会责任高度一致的战略型参与。商道纵横《关于疫情对 CSR 经理人工作影响的调研》显示：在决策依据上，80% 的企业是按照疫情的严重程度和社会需求做出的理性决策；在应对方案上，企业会考虑结合企业社会责任核心议题，创造共享价值，比如不少企业会捐赠自己的产品，或者持续关注核心议题的相关领域。

（二）企业参与抗击新冠肺炎疫情的经验总结

1. 标杆企业领头，合理分配捐赠

在本次抗击新冠肺炎疫情行动中，企业的捐赠金额刷新纪录。疫情期间捐资捐物累计超过 3 亿元的企业共有 12 家[1]，其中蒙牛、吉利控股集团等捐赠超过 5 亿元，腾讯和阿里巴巴（含马云基金会）累计捐赠超过 10 亿元。腾讯以 15 亿元的"抗击新型冠状病毒感染肺炎疫情综合保障基金"高居企业捐赠榜首。企业捐赠金额高，一方面因为单次的捐赠数量屡创新高，另一方面源于企业持续关注疫情动态，不断追加疫情捐款。在疫情高峰期，有近 300 家企业及时进行了二次甚至多次捐赠。

以腾讯 15 亿元"战疫基金"为例[2]，针对不同社会需求，分为三个批次完成捐赠。首期 3 亿元"疫情防控基金"于 1 月 24 日疫情突发初期成立，主要用于采购紧缺的医疗防护物资；第二期 2 亿元战疫开发者公益联盟资金池于 2 月 3 日开放，主要为服务商和开发者提供资金和资源支持，帮助其开发疫情服务小程序；第三期 10 亿元基金于 2 月 7 日设立，包括 3 亿元专项基金，致敬慰问战疫人员，2 亿元用于救助困难病患家庭，5 亿元后备基金，支持防疫科研及科普工作。

2. 提升响应速度，提高参与效率

企业的快速响应为抗疫的"中国速度"贡献力量。以 1 月 21 日为起点，截至 3 月 7 日，企业捐赠平均响应速度为 11.6 天，有 46 家企业在武汉宣布封城（1 月 23 日）前就开展了救援行动，而绝大多数企业也都在武汉封城后，立刻开展捐赠行动。利洁时是 46 家先行企业之一，早在 1 月 21 日其旗下品牌滴露就完成了第一批捐赠，将包括滴露消毒液、健康抑菌洗手液

---

[1] 包括企业、企业成立的基金会和企业家成立的基金会。

[2] 《腾讯追加 10 亿，设立 15 亿元"战疫基金"》，腾讯网，2020 年 2 月 7 日，https：//www.tencent.com/zh-cn/articles/2200953.html，最后访问日期：2022 年 4 月 10 日。

在内的总价值 60 余万元的消毒防护物资送达武汉市相关医院。[①]

新冠肺炎疫情突发后，口罩成为最稀缺的物资，不少车企迅速反应，发挥产业链和技术优势，跨界生产口罩。以"五菱"口罩为例[②]，2 月 6 日上汽通用五菱发布消息，将联合供应商通过改建生产线的方式转产口罩，2 天后，首批 20 万只口罩下线。2 月 10 日企业决定自建口罩生产线，4 日后生产线组装、调试完毕，100 万只口罩正式交付使用。

习近平主席在部署新冠肺炎疫情防控时强调"要鼓励运用大数据、人工智能、云计算等数字技术，在疫情监测分析、病毒溯源、防控救治、资源调配等方面更好发挥支撑作用"。[③] 数字技术的运用也为互联网企业的抗疫行动提质增速。以健康码为例，为解决全国防疫监控难题，阿里巴巴发挥企业在数据、算力等方面的优势，仅用了 7 天时间，就将健康码从杭州推广到了全国，为精准疫情防控和复工复产提供了有效支撑。[④]

3. 利用专业优势，加强分工协作

企业参与抗疫的专业性体现在两个方面：一是利用企业核心能力支持抗疫；二是联合专业的社会组织，协作抗疫。在本次抗疫行动中，企业利用核心能力支持抗疫成为常态化，例如金融企业推出抗疫相关的保险、跨国企业调动全球资源采购口罩、能源化工企业转产口罩等。而基于新冠肺炎疫情作为突发性公共卫生事件的特殊性，医疗健康类企业在利用企业核心能力支持抗疫上表现更加突出，是对紧急状态下的公共卫生体系的有效补充。

---

① 《滴露落实五千万元捐赠，守护"抗疫一线"医护人员》，滴露官网，2020 年 2 月 24 日，https：//www.dettol.com.cn/article/details/518，最后访问日期：2022 年 4 月 10 日。

② 《数说丨最强抗"疫"外援 硬核车企转产口罩》，新浪汽车网，2020 年 3 月 14 日，https：//auto.sina.com.cn/news/hy/2020-03-04/detail-iimxyqvz7718525.shtml，最后访问日期：2022 年 4 月 10 日。

③ 《习近平：完善重大疫情防控体制机制 健全国家公共卫生应急管理体系》，中国共产党新闻网，2020 年 2 月 15 日，http：//cpc.people.com.cn/n1/2020/0215/c64094-31588184.html，最后访问日期：2022 年 4 月 10 日。

④ 王轶辰：《阿里巴巴：在抗"疫"中走向更加广阔舞台》，中国经济网，2020 年 2 月 20 日，http：//www.ce.cn/xwzx/gnsz/gdxw/202002/20/t20200220_34315810.shtml，最后访问日期：2022 年 4 月 10 日。

为解决捐赠物资调配效率低的问题，九州通医药集团充分发挥在医药流通领域的专业优势，接手武汉市红十字会受捐物资的管理工作后，在一天之内完成了勘查现场、库容规划、系统搭建、组织协调人员、制定组织架构和流程方案等工作，大大提升了物资的调配效率。①

企业和社会组织各有所长，协作抗疫可以提升捐赠效率、进行精准帮扶。而选择有合作经验的社会组织，一方面可以让项目的对接沟通更加顺畅，另一方面也更容易保证项目的实施效果。2019 年，康宝莱中国与中国红十字基金会合作发起了"营养零饥饿——乡村医生项目"，通过乡村医生在线培训、捐赠康宝莱博爱卫生站等方式，提高我国农村地区健康保障水平和公众健康意识。2020 年，新冠肺炎疫情突袭，康宝莱迅速响应，再次携手中国红十字基金会，为武汉市及周边疫情较严重地区捐赠医疗物资，向武汉的四所定点收治医院定向捐赠康宝莱蛋白营养粉，为一线医务工作者提供营养补给。②

4. 扩大受益范围，帮扶利益相关方

不同于单一的自然灾害引发的公共风险，新冠肺炎疫情持续时间长，具有反复性，而随着疫情的蔓延，其对社会经济的影响范围也在不断扩大。因此在本次抗疫行动中，企业除了持续关注一线抗疫工作者、病患家庭以及已有的企业社会责任项目涵盖的目标群体外，更加强了对不同利益相关方的帮扶，使受益人群范围更加宽泛。在企业社会责任领域，利益相关方是指会对企业生产经营产生实质性影响的群体和个人，这包括员工、供应商、消费者、政府以及社区等。

疫情期间，广汽丰田针对员工建立信息联络机制，每日统计员工出行及健康状况，加强对高密度接触区域如车间、食堂、交通车、宿舍等的消毒，

① 《九州通参"战"社会力量在行动》，2020 年 2 月 6 日，http://www.21jingji.com/2020/2-6/wNMDEzNzlfMTUzMTMwNw.html，最后访问日期：2022 年 4 月 10 日。

② 《康宝莱向武汉医院捐赠 200 余万营养物资 共筑防疫堡垒》，中国经济网，2020 年 2 月 25 日，http://finance.ce.cn/home/jrzq/dc/202002/25/t20200225_ 34343655.shtml，最后访问日期：2022 年 4 月 10 日。

采取错峰就餐、"高考式"就餐、"扫码就餐"等防护措施，保障员工安全。针对经销商，在第一时间安排武汉及湖北其他地区销售店暂停营业，并向全国区域销售店调配 25 万只口罩等防疫物资，指导销售店做好防疫工作，保障销售店的员工与客户安全。针对供应商，及时发布指导文件，提醒供应商注意风险防范，实施风险应急对策。①

为帮助商业伙伴尽快恢复经营，减少损失，万达推出线上营销计划——"安心优选，宅家易购"，利用万达广场小程序平台优势，帮助全国万达广场近 6 万家商铺打通线上渠道，实现线上线下互动营销，带动消费，创造营收。为助力社区疫情防控，京东数科（2021 年整合成京东科技）联合其他机构为北京经济开发区开发"战疫金盾"系统，通过大数据分析，掌握人群流动轨迹，预测疫情发展趋势，协助防控物资调配。

（三）企业参与抗击新冠肺炎疫情的行动反思

提升对风险治理的系统性认识。虽然疫情具有突发性，但是企业参与风险治理不应当停留在某一时刻的捐赠决策，或者某一个部门的任务职责上。当灾害发生后，不同利益相关方都存在不同的需求。因此，企业需要依托对风险治理的系统性认识，根据风险对利益相关方的影响、企业专长等多个维度，对如何参与风险治理进行决策。企业内部也要树立参与风险治理的全局观。

建立健全应急响应机制。对灾害的快速响应是社会各界对企业参与风险治理的期待，而从中国企业参与抗击新冠肺炎疫情的实践结果来看，大多数企业的响应速度已经有了明显提升，标杆企业的响应速度更是惊人。但是速度之外，还需要有更多理性的考量，比如：如何平衡外部的舆论压力以及企业的稳健经营需求；如何关注灾害中的弱势群体，设计好分配比例；如何摆脱对捐赠金额的攀比，让捐赠更有效；等等。疫情之下，标杆企业参与风险

---

① 《广汽丰田实现有序复工复产》，2020 年 2 月 25 日，http：//www.comnews.cn/article/ibdnews/202002/20200200037700.shtml，最后访问日期：2022 年 4 月 10 日。

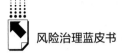

治理已经是珠玉在前；考虑到未来的风险因素，其他企业更需借助机制的建立，做好理性决策。

加强对救灾行动的评估。企业参与风险治理不是一蹴而就的，即使捐款捐物也要监测具体效果，以免产生不良影响。另外，在此次抗疫行动中，不少企业都设立了具有针对性的、长期性的救灾项目，对于这些项目更需要在设立之初，就做好项目评估的工作安排，确保项目能够持续产生正面的社会影响。

四　总结与展望

经过 40 多年的探索发展，中国企业已经成为风险治理中的重要力量。企业参与风险治理不仅是政策要求，也是企业履行社会责任和提升自身风险管理水平的需要。因此，企业考虑的重点不再是要不要参与风险治理，而是如何参与风险治理，特别是如何在参与风险治理的过程中发挥企业优势，助力风险治理目标的实现。

从"非典"疫情到汶川地震，再到新冠肺炎疫情，中国企业越来越多地参与到风险治理之中。在抗击新冠肺炎疫情的行动中，中国企业的表现无论从反应速度，还是从参与形式、参与效果上看，都是可圈可点的。由此也可以看出，除了捐款外，企业参与风险治理，更应该以优质产品和服务为支点，紧密联结价值链伙伴，共同解决社会问题，服务社会公众。

2020 年"十四五"规划出台，对风险治理提出了更高要求，规划强调"完善国家应急管理体系，加强应急物资保障体系建设，发展巨灾保险，提高防灾、减灾、抗灾、救灾能力"。对企业而言，"十四五"规划也释放了更多信号，一方面，这预示着未来关于风险治理的政策会进一步完善，企业存在更多参与空间，另一方面，企业目前的参与多集中在抗灾救灾环节，对于防灾和减灾环节的参与，需要更多企业贡献力量，最终通过组建多样化、全方位、全过程的企业参与体系，可以更好地实现平安中国的总目标。

参考文献

黄央央：《企业参与公共危机管理的问题及对策研究》，中南大学硕士学位论文，2012。

刘玲：《企业参与自然灾害应急管理的相关问题研究》，燕山大学硕士学位论文，2010。

杨安华：《论企业参与应急管理的制度化建设》，《探索》2020 第 5 期。

尹珏林：《疫情之下中国企业社会责任的三大转变》，《南方周末》，2020 年 2 月 26 日，http：//www.infzm.com/contents/177822，最后访问日期：2022 年 4 月 10 日。

袁建伟：《企业参与地方灾害性突发事件治理研究》，湖南农业大学硕士学位论文，2014。

张强、陆奇斌、张秀兰：《汶川地震应对经验与应急管理中国模式的建构路径——基于强政府与强社会的互动视角》，《中国行政管理》2011 年第 5 期。

腾讯新闻原子智库：《企业战疫责任力调研报告》，2020 年 5 月 16 日。

商道纵横编著《全面认识企业社会责任报告》，社会科学文献出版社，2015。

B.6

新冠肺炎疫情防控应急物资保障报告[*]

孙 悦 朱 宪 吕孝礼[**]

摘 要： 突如其来的新型冠状病毒肺炎疫情（下文简称"新冠肺炎疫情"）是对我国应急管理体系的一次大考，本文将概述我国新冠肺炎疫情响应过程中应急物资保障方面的重要举措，主要关注应急医疗物资的生产调度、社会捐赠、紧急采购三方面工作，并在此基础上总结我国应急物资体系建设的经验。总体来看，医疗物资经历了从疫情暴发初期的极度紧缺到短时间内大幅增长的转变。本文进一步从制度建设、机制建设、临机适应三个方面分析物资保障体系短板，包括对巨灾情景下的需求考虑不足，生产调用、物资结构、行业管理有待完善，社会捐赠管理相对滞后等，希望为未来应对可能的巨灾峰值需求提供启示。

关键词： 应急物资 新冠肺炎疫情 峰值需求 物资储备 生产调度

应急物资保障是国家应急管理体系的重要组成部分，我国的应急物资保障体系建设经历了较长的发展过程，并在新冠肺炎疫情中经受了重大考验。

---

* 本文受到国家自然科学基金项目（72134003和72042012）的资助。

** 孙悦，清华大学应急管理研究基地2020级博士研究生，研究方向为应急管理、组织行为；朱宪，加拿大麦吉尔大学2020级博士研究生，研究方向为组织理论、应急管理；吕孝礼，清华大学公共管理学院长聘副教授、应急管理研究基地副主任，研究方向为公共组织行为、危机管理、多模态分析。

2020年2月，习近平总书记在中央全面深化改革委员会第十二次会议上强调"要健全统一的应急物资保障体系，把应急物资保障作为国家应急管理体系建设的重要内容，按照集中管理、统一调拨、平时服务、灾时应急、采储结合、节约高效的原则，尽快健全相关工作机制和应急预案"。随后，财政部于2020年7月下达300亿元支持地方应急物资保障体系建设，资金着重用于完成三方面任务，包括完善专用应急政府储备、支持产能备份建设、增强医疗物资和装备应急转产能力，以此补齐应急物资保障短板，健全中央和地方统筹安排、分级储备、重特大突发事件发生时可统一调度的应急物资保障体系。① 当前应急物资保障能力的提升离不开突发事件后的经验总结与学习，本文将针对新冠肺炎疫情中的应急物资工作展开评估，并为未来物资峰值需求的保障提供启示与建议。

一 新冠肺炎疫情中我国应急物资保障情况

2020年1月下旬，伴随着疫情形势的不断升级，对应急物资的需求呈现爆发式增长。2020年1月20日，应对新型冠状病毒感染的肺炎疫情联防联控机制正式启动，多部门展开联合行动保障医用、生活等物资的供应。在2020年2月初，工业和信息化部作为联防联控机制医疗物资保障组组长单位，负责医用防护服、医用护目镜、负压救护车等重点医疗物资的统一管理和统一调拨②；国家发展改革委积极协调口罩③的生产、调

---

① 《财政部关于下达支持应急物资保障体系建设补助资金预算的通知》，中华人民共和国财政部官网，2020年12月18日，http：//www.mof.gov.cn/gkml/caizhengwengao/202001wg/wg202008/202012/t20201218_3635660.htm，最后访问日期：2022年4月11日

② 《国务院联防联控机制就重要医用物资保障和医疗资源调配保障最新进展情况举行发布会》，中华人民共和国工业和信息化部官网，2020年2月13日，https：//www.miit.gov.cn/gzcy/zbft/art/2020/art_9ed955e0d4074ff5b1626af89eeae5e9.html，最后访问日期：2021年3月23日。

③ 《江城今日春已半 丹心一片佑家国——记中央赴湖北指导组成员、国家发展改革委经济运行调节局电力处处长刘琼》，中华人民共和国国家发展和改革委员会官网，2020年4月22日，https：//www.ndrc.gov.cn/xwdt/ztzl/fkyqfgwzxdzt/djyl/202004/t20200422_1226358.html，最后访问日期：2021年3月23日。

拨工作；应急管理部与中央军委后勤保障部协同保障救灾物资的生产调度与军地联动①；国家粮食和物资储备局协调中央救灾物资储备库调运了帐篷、折叠床等救灾物资②；国家粮食和物资储备局负责保障国内粮油市场的平稳运行；此外，国药集团、比亚迪、日照三奇、天津泰达、顺丰物流等大量国企、民企在各类应急物资的生产、运输、配送中做出了重要贡献。

具体来看，各部门在基本生活保障物资、应急装备及配套物资、工程材料与机械加工设备三类物资③保供中有明确分工（各类物资的供给部门和基本供给情况见表1）。其中，医疗物资的供应是本次疫情应对的关键短板，本文将主要聚焦医疗物资保障供应的重点举措。

表 1　新冠肺炎疫情期间我国应急物资分类与供给保障情况

应急物资分类		主要供给及运输单位	疫情期间供给情况
大类	中类		
基本生活保障物资	粮食、蔬菜、水果、坚果、禽蛋、肉类、救灾帐篷、日用品（简易床等）等	国家粮食和物资储备局①、中央军委后勤保障部②、应急管理部③等	疫情期间居民基本生活物资可以保障
应急装备及配套物资	个人防护装备(呼吸防护装备、躯体防护装备、眼面部防护装备、手部防护装备等)、医疗及防疫设备与常用应急药品(医疗携行急救设备、消毒供应设备、防疫卫生设备及药品等)、应急运输与专用作业交通设备等	工业和信息化部、国家发展改革委、中央军委后勤保障部等	重点医疗物资供给经历了"非常紧缺"，到"紧平衡"，后期趋于"稳定平衡"

① 《军委后勤保障部：军地协同高效完成人员及医疗物资投送任务》，海峡之声网，2020年3月2日，http://www.vos.com.cn/web/military/hxjs/content_349322.shtml，最后访问日期：2020年4月23日。

② 《国家粮食和物资储备局：全力做好疫情防控期间中央救灾物资应急保障》，新华网，2020年2月16日，http://www.xinhuanet.com/politics/2020-02/16/c_1210476758.htm，最后访问日期：2021年1月15日。

③ 根据2020年3月国家市场监督管理总局和国家标准化管理委员会发布的《应急物资分类及编码》标准，应急物资可分为基本生活保障物资、应急装备及配套物资、工程材料与机械加工设备三大类。参见全国物品编码标准化技术委员会网站，最后访问日期：2020年4月23日。

应急物资分类		主要供给及 运输单位	疫情期间 供给情况
大类	中类		
工程材料与机械加工设备	工程材料(水泥、砂石料、沥青、防水材料等)、机械加工设备(一般切削加工设备、焊接设备等)	中建三局[④]、华新水泥[⑤]等国企、民企	充分、有效地保障了方舱医院等应急医疗设施的建设

注:①《全国粮食和物资储备系统全力做好疫情防控粮油供应和应急救灾物资保障工作》,2020 年 3 月 11 日, http://www.gov.cn/xinwen/2020-03/11/content_ 5489799.htm, 最后访问日期:2021 年 3 月 23 日。

②《军委后勤保障部:将建立应急采购绿色通道 确保卫生物资供应》,2020 年 1 月 26 日, https://mp.weixin.qq.com/s/lNJLX_ CoN9MNT1y_ 44-iug, 最后访问日期:2021 年 3 月 23 日。

③《应急管理部调拨第三批中央救灾物资 全力支持湖北疫情防控工作》,2020 年 2 月 18 日, http://www.xinhuanet.com/politics/2020-02/18/c_ 1125592294.htm, 最后访问日期:2021 年 3 月 23 日。

④中建三局为火神山、雷神山医院承建单位。

⑤华新水泥为火神山、雷神山医院建设无偿提供水泥。

资料来源:工业和信息化部、国家发展改革委、国家粮食和物资储备局、中央军委后勤保障部等官方网站。

二 新冠肺炎疫情下的应急物资供应与保障措施

(一)应急物资生产调度工作

从疫情突发到 2020 年 2 月初,医用口罩、防护服以及护目镜等防护用品消耗数量大、速度快,武汉等地抗疫一线不断传来医疗防护物资的求援信。且逢春节假期,大部分企业停工停产,医疗物资的生产供应严重不足,给一线疫情防控工作造成挑战。面对快速增长的医用物资需求和巨大的物资供应缺口,以联防联控机制医疗物资保障组为主导的相关政府部门开始推动口罩生产企业复工复产及转产,并通过建立政府兜底采购、驻企特派员机制等来保障生产调度。

1. 紧急复产、转产与政府兜底采购

如何才能调动企业的生产积极性,解决物资紧缺的燃眉之急?工业和信

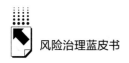

息化部在 2020 年 1 月 23 日开展全国工业和信息化系统总动员，要求各机关、生产企业克服各种困难，全力复工复产。① 2 月 5 日，国务院常务会议要求调动国企、民营企业等各方力量，帮助解决在复产、转产过程中的资金、资质、生产场地和原材料采购等实际困难。但是复产、转产企业担心疫情缓解后口罩需求下滑、产品无法销售。为了免除企业生产的后顾之忧，国家发改委、财政部、工业和信息化部在 2 月 7 日联合出台了《政府兜底采购收储的产品目录（第一批）》，规定企业多生产的重点医疗防控物资全部由政府兜底采购、收储。国家发改委党组成员、秘书长丛亮在 2 月份的联防联控机制新闻发布会上明确表示，"请企业不要顾虑，全面加大生产。"②

复产、转产兜底政策为企业投入提供了稳定的预期。以口罩生产为例，上汽通用五菱、富士康、格力等能实现快速转产并具备生产能力的企业迅速上马了口罩生产线，实现跨界生产。比亚迪公司在 1 月 31 日即决定投入转产，7 天后成功制作出第一台口罩机，并在 2 月 17 日实现本企业的口罩量产，至 3 月 12 日口罩日产量已达到 500 万只。同样，日照三奇公司在武汉关闭离汉通道前一天被确定为支援湖北医护物资的重点生产供应单位，仅用 3 天时间就赶制出近 300 万只口罩。其中，240 万只口罩发往武汉，三奇公司也成为湖北省外第一家援助武汉的口罩生产企业。③ 末端产能的涌现进一步激活了口罩生产上游的产能，以中国石化、国机恒天集团④和天津泰达公司⑤为代表的国企、民企扩大了口罩生产原料熔喷布的产能。

---

① 《工业和信息化部六项措施保障疫情防控物资需求》，2020 年 1 月 23 日，http：//www. gov. cn/xinwen/2020-01/23/content_ 5471873. htm，最后访问日期：2020 年 4 月 10 日。
② 《"口罩生产做到人休息机器不休息！" 国家发改委：请企业不要顾虑，全面加大生产》，2020 年 2 月 11 日，https：//baijiahao. baidu. com/s？id=1658211843868985328&wfr=spider&for=pc，最后访问日期：2021 年 5 月 8 日。
③ 《小口罩里的大合力（深度观察）》，2020 年 5 月 20 日，https：//wap. peopleapp. com/article/5510789/5431268？from=groupmessage&isappinstalled=0，最后访问日期：2020 年 9 月 23 日。
④ 《中国石化 14400 吨熔喷布装置投入使用》，2020 年 3 月 7 日，http：//www. gov. cn/xinwen/2020-03/07/content_ 5488530. htm#1，最后访问日期：2020 年 4 月 27 日。
⑤ 《天津复工：从大飞机、大火箭，和一块熔喷布说起》，2020 年 3 月 5 日，https：//baijiahao. baidu. com/s？id=1660330740671393912&wfr=spider&for=pc，最后访问日期：2020 年 9 月 23 日。

在口罩保供过程中，医用生产资质成为口罩企业提升产能的障碍。各地探索了多项举措解决企业的生产资质问题。第一，快速启动防控医疗物资应急审批程序。在负责物资审批的市场监管体系中，国家市场监管总局通过开通绿色通道，在最短时间内使具备条件的企业获得了营业执照和生产许可证。以广东为例，供应紧缺的口罩、防护服等物资被纳入应急审批，采取无纸化网上即时受理、先审批后审核、指定专人全程跟进等方式及时保障应急所需。① 第二，颁发临时许可。如福建省药监局启动"特殊时期"医疗器械应急审评审批程序，对具备医疗器械产品生产及检验条件的企业，开通快速绿色审评审批通道，加快审评审批速度；实行 24 小时注册检验，检验合格后立即颁发临时注册证与生产许可证。② 第三，寻找代工企业。如浙江绍兴为有资质生产防疫重点医疗物资的企业寻找代工企业，链接起生产资质和产能。③

2. 工业和信息化部驻企特派员机制

面对春节期间的停工停产，企业的用工、运输、原材料供给等成为摆在企业面前的难题。为解决上述问题，自 1 月 26 日晚起，工业和信息化部紧急启动驻企特派员工作机制。④ 由各司局抽派人员组成驻企特派员小组分赴各地，进驻当地重点骨干医疗物资生产企业和原材料供应企业。截至 2 月 19 日，"工业和信息化部在外特派员 71 人，工作组 25 个，涉及省份 16 个。入驻企业 56 家，其中包括 31 家国标防护服生产企业，4 家欧标防护服生产企业，1 家医用面罩生产企业，1 家 N95 口罩生产企业，18 家重点原材料生

---

① 《市场监管总局：口罩的"事"特事特办!》，2020 年 2 月 3 日，http://www.xinhuanet.com/politics/2020-02/03/c_ 1125525723. htm，最后访问日期：2021 年 8 月 30 日。
② 《福建药监实施"一企一策"办法 促进企业快速生产口罩》，2020 年 2 月 1 日，http://fj. people. com. cn/n2/2020/0201/c181466-33754712. html，最后访问日期：2020 年 4 月 27 日。
③ 《哪里有困难，哪里就有驻企特派员》，2020 年 3 月 31 日，http://paper. ce. cn/jjrb/html/2020-02/17/content_ 412584. htm，最后访问日期：2021 年 8 月 30 日。
④ 《国务院联防联控机制权威发布（2020 年 2 月 13 日）文字实录》，2020 年 2 月 13 日，http://www. gov. cn/xinwen/gwylflkjz11/wzsl. htm，最后访问日期：2020 年 4 月 27 日。

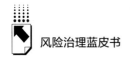

产企业，1家84消毒液生产企业"。① 多个省份的工信厅紧随其后启动了特派员机制，山东、河北、福建等地均向省内重点生产企业派驻企干部，通过"一企一策"解决生产困难。②③④

驻企特派员的作用主要体现在两个方面：一是在重点医用物资紧缺、市场需求暴增的情况下，监督物资的统一调拨，确保生产调运全程可控；二是帮助企业负责解决复工复产中遇到的原材料、劳动力、资金紧缺、运输受阻等方面的实际困难，尽快实现上下游生产链的有效供给。据报道，派驻至江苏的工信部第十四组驻企特派员打通了企业生产的各个堵点：在用工方面积极协调解决企业的招工难题，由政府统一招聘工人后再安排到企业；在交通方面帮助企业办理抗疫物资专用通行证，解决物资运输问题；在资金方面帮助企业纳入工业和信息化部商请中国人民银行金融支持的企业名单；在运输方面联络押运人和司机，保证运输车辆按时抵达交付地点以及医疗物资安全交付。⑤

除在上述组织管理、协调沟通等方面发挥重要作用外，驻企特派员机制注重特派员专业性与派驻企业生产内容的匹配。作为曾全程参与2003年SARS疫情防控的医疗器械专家，福建省药监局注册审批处四级调研员陈谦为转产医用防护服的企业亲自设计生产线和车间改造图纸，在一天之内就完

① 《工信部驻企特派员解企业"燃眉之急"》，2020年2月20日，http：//paper. cnii. com. cn/article/rmydb_ 15593_ 290431. html，最后访问日期：2020年3月21日。

② 《山东省工信厅驻企督导组全力帮助重点企业解难题扩产能》，2020年2月3日，https：//baijiahao. baidu. com/s？ id＝1657467552149103400&wfr＝spider&for＝pc，最后访问日期：2021年7月20日。

③ 《河北省工信厅25个驻企特派员为企业解决问题数百个》，2020年2月27日，http：//gxt. hebei. gov. cn/hbgyhxxht/ztzl11/kjyqgxtzxd/zqbf/756873/index. html，最后访问日期：2021年7月20日。

④ 《福建工信驻企特派员：为复工复产"护航"》，2020年2月27日，http：//gxt. fujian. gov. cn/xw/jxyw/202002/t20200227_ 5204264. htm，最后访问日期：2021年7月20日。

⑤ 《哪里有困难，哪里就有驻企特派员》，2020年2月17日，http：//paper. ce. cn/jjrb/html/2020-02/17/content_ 412584. htm，最后访问日期：2020年3月31日。

成了图纸设计、审图定稿等流程①，企业顺利取得医用一次性防护服的医疗器械注册证，大大提升了转产效率。

作为一个临时机制，3 月 15 日驻企特派员全部撤出派驻企业，市场机制开始重新发挥作用。② 总体来看，驻企特派员机制为及时协调解决企业在复工复产过程中的困难起到重要作用。

（二）应急物资社会捐赠机制

疫情突发后，湖北省多个地市的疫情防控工作领导小组（指挥部）发布公告，接受社会捐赠。接受捐赠的物资类别主要包括防护设备（N95 口罩、一次性医用外科口罩、防护服、医用手套、防护面罩、护目镜等）、医疗设备（诊断类、治疗类、辅助类的医疗器械）、清洗消毒用品（速干消毒液、84 消毒液/消毒泡腾片等）③、药品（预防新型冠状病毒药品、中成药等）。

社会捐赠对于前期缓解物资紧缺的问题起到了重要作用。以湖北省为例，湖北省在 1 月 23 日发布接收社会捐赠情况的第一号公告，此后连续发布了十个公告向外界公布接受捐赠和分配的情况，具体接收情况见表 2（表内数值为截至当日 12 时的累计数值）。社会捐赠在一定程度上补充了物资的缺口，国新办在 1 月 26 日举行新闻发布会时披露，"湖北每天需求防护服10 万件，目前全国产能仅 3 万件"④，而当时防护服捐赠数量近 2 万套，体现出社会捐赠对于湖北疫情响应初期医疗物资紧缺难题的纾解作用。

---

① 《驻企特派员：为复工复产"护航"》，2020 年 2 月 27 日，http：//fjrb.fjsen.com/fjrb/html/2020-02/27/content_ 1244661.htm？div=-1，最后访问日期：2020 年 3 月 31 日。
② 《工信部驻企特派员圆满完成阶段性任务 返回工作岗位》，2020 年 3 月 31 日，https：//baijiahao.baidu.com/s？id=1662665156829117248&wfr=spider&for=pc，最后访问日期：2020 年 3 月 31 日。
③ 2 月中旬，消杀用品可以尽保，接受捐赠的需求下降。
④ 《工信部：湖北每天需求防护服 10 万件，目前全国产能仅 3 万件》，2020 年 1 月 26 日，https：//www.sohu.com/a/368972266_ 260616，最后访问日期：2020 年 4 月 24 日。

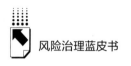

表 2　2020 年 1 月 29 日至 2 月 29 日湖北省接收社会捐赠情况

日期	医用防护服（万套）	N95 口罩（万个）	其他医用一次性口罩（万个）	护目镜（万副）	消毒品（万件/瓶）	其他物资（套、个、瓶）
1 月 29 日	1.96	43.8	147.6	2.91	5.26	327.47
2 月 1 日	2.79	50.2	184.71	7.26	11.36	746.27
2 月 3 日	21.87	63.8	430.82	12.97	17.67	—
2 月 7 日	33.76	84.71	1257.33	23.25	90.78	—
2 月 13 日	55.29	100.79	2157.64	51.97	279.67	—
2 月 17 日	68.88	134.99	2450.3	63.76	325.75	—
2 月 23 日	78.27	136.60	2552.93	68.36	—	—
2 月 29 日	99.55	145.12	2721.79	75.19	—	—

资料来源：根据湖北省发布的接收社会捐赠情况公告整理。

高校校友捐赠也是本次疫情期间社会捐赠的重要组成部分。武汉大学、华中科技大学等多家高校校友会积极协调国内外资源，从信息对接、全球采购到物流运输和仓储分发，高校校友会依托全球化的组织网络架构搭建起完整的医护物资供应链。[①] 据不完全统计，截至 2020 年 5 月，武汉市共接收社会捐赠款物 42 亿元，其中超过 1/4 为武汉大学校友捐赠款物。[②]

随着大量社会捐赠物资的涌入，如何高效管理并快速分配捐赠物资成为各地面临的考验。疫情突发早期，为保证捐赠款物能及时准确登记在案、统一归口，武汉市所有捐赠物资都必须经由武汉市红十字会管理，这个过程中出现拨付缓慢、手续复杂、物资堆积等诸多问题。为了解决这一问题，2 月 2 日，国内大型民营医药流通企业九州通医药集团被指派接手武汉市红十字会受捐物资的管理工作，负责捐赠物资的入库、仓储、分类和信息录入，确

---

① 林顺浩、何立晗：《异军突起的高校校友会：防疫医护物资调配的组织协作网络——以武汉大学校友会为例》，《中国非营利评论》2020 年第 2 期，第 34~35 页。

② 《代表：让毕业生按期毕业是刚需目标》，2020 年 5 月 29 日，参见 http://bj.people.com.cn/BIG5/n2/2020/0529/c82841-34050195.html，最后访问日期：2020 年 6 月 6 日。

保紧急医药物资在 2 小时内完成从到货到分配的全过程，在提高应急物流效率方面发挥了重要作用。①

（三）应急物资紧急采购机制

海外采购是应对物资紧缺的重要途径，一些国企、民企通过进口渠道补充物资缺口。例如，中国医药集团有限公司作为央企长期承担国家突发公共卫生事件和灾情疫情的医药紧急供应任务，疫情期间，国药集团利用自身网络和产业链优势，启动了全球紧急采购和调配医疗物资计划②，依托全国各地的物流中心、运输车辆和仓储设施，保障全国应急物资调拨运输网络的畅通③。其中，国药控股湖北公司承担了湖北省大部分口罩、防护服等应急物资的采购、配送任务，通过国内外多渠道采购，填补了抗疫一线的应急医疗物资缺口。④ 截至 2020 年 2 月 20 日，国药集团向湖北省各医疗机构和有关单位调运各类防护服 289.96 万套、护目镜 40.79 万副、各类口罩 8408.38 万只、手套 4150.08 万副、手术服 40.27 万套、消毒产品 300.36 万瓶，运送各类医药用品 11394.05 万盒。⑤

一些民营企业在本次疫情中也依托自己的电商平台迅速开展了全球采购工作。例如，阿里巴巴集团 1 月 26 日成立了医疗物资全球采购小组，在全球范围内采购了包括口罩、防护服、呼吸机、医用手套等在内的各类医疗物

---

① 《赛迪智库｜与德美日相比，中国应急物流管理有哪些短板》，2020 年 3 月 31 日，https：//www.sohu.com/a/384445581_ 260616，最后访问日期：2020 年 3 月 31 日。

② 《大考验 大担当 大作为 国药控股全线投入疫情阻击战》，2020 年 3 月 31 日，http：//yuqing.people.com.cn/n1/2020/0331/c429609-31654810.html，最后访问日期：2020 年 9 月 23 日。

③ 《国药集团：筑牢医药研发及产业竞争优势》，2020 年 6 月 9 日，http：//www.rmlt.com.cn/2020/0609/582880.shtml，最后访问日期：2020 年 9 月 23 日。

④ 《国药控股湖北公司：全力保障应急医疗物资需求》，2020 年 4 月 6 日，http：//tv.people.com.cn/n1/2020/0406/c39805-31662964.html，最后访问日期：2021 年 2 月 5 日。

⑤ 《战"疫"主力军：疫情防控阻击战中的国药力量》，2020 年 2 月 22 日，http：//www.xinhuanet.com/health/2020-02/22/c_ 1125609035.htm，最后访问日期：2021 年 7 月 20 日。

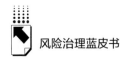

资紧急运往武汉。①

海外采购的物资面临着海外标准与国标不一致的问题，但面对物资的急缺，多级防控指挥部均进行了相应的政策调整。例如，由于生产标准无法衔接，武汉市新冠肺炎疫情防控指挥部在1月23日发布的第4号通告中明确指出，武汉暂不接受境外捐赠。伴随物资保供压力的增大，1月25日，武汉开始接受部分符合海外地区当地标准的口罩和防护服。②国务院联防联控医疗物资保障组也印发《关于疫情期间防护服进口等有关问题的通知》，其中明确指出从国外紧急进口符合日美欧等医用防护服标准的产品可作应急使用③，同时，要求按照"优先保障高风险区域、高风险操作、高风险人员"的原则，严格分级分区使用。

三 新冠肺炎疫情中的应急物资保障情况评估

总体来看，在本次疫情防控中我国表现出应急物资统一管理与紧急调配的能力，经过一段时间物资紧缺后逐步保障了武汉市、湖北省对疫情防控物资的需求，包括医用物资、日常生活类物资、基础设施建设物资等。

首先，医用物资企业在短时间内做到了快速复工复产和实物物资的增能扩产。作为全球医用口罩产能最大的国家，我国口罩和防护服产能也在短时间内呈数十倍增长。医疗物资从全国各地调拨至湖北省，缓解了物资使用的燃眉之急。表3为疫情发生以来至4月30日全国调往湖北的医疗物资数量统计。通过一系列快速生产、紧急调拨措施，武汉前线所需要的医用防护

---

① 《白岩松对话马云：为何1月就成立了医疗物资全球采购小组？》，2020年4月18日，http：//www.xhby.net/index/202004/t20200418_ 6608405. shtml，最后访问日期：2020年4月27日。

② 《防护服产能缺口超8成 春节赶工海外急购有望7天缓解》，2020年1月26日，http：//companies. caixin. com/2020-01-26/101508534. html，最后访问日期：2020年4月27日。

③ 《国务院应对新型冠状病毒感染的肺炎疫情联防联控机制医疗物资保障组印发〈关于疫情期间防护服进口等有关问题的通知〉》，2020年1月31日，https：//wap. miit. gov. cn/ztzl/rdzt/yqfkgjzdylwzbzddpt/zcwj/art/2020/art f61409e01bee4358a77b5ee9496649d4. html，最后访问日期：2022年4月11日。

服、N95 口罩等物资实现了从物资紧缺到"紧平衡"的转变。① 1 月 27 日，消杀用品、医疗器械等医用物资供应紧张的局面得到初步缓解，2 月 15 日，国标防护服的供给数量开始超过湖北省需求数量。②

表 3 疫情发生以来至 4 月 30 日全国调往湖北的医疗物资数量

序号	类别	品种	数量
1	医疗设备	全自动测温仪(台)	20033
2		负压救护车(辆)	1065
3		呼吸机(台)	17655
4		心电监护仪(台)	15746
5	消杀用品	84 消毒液(吨)	1874
6		免洗洗手液(万瓶)	71.4
7	防护用品	医用手套(万副)	198.7
8		医用防护服(万套)	773
9		医用 N95 口罩(万只)	498
10		医用非 N95 口罩(万只)	2720
11	防控药品	磷酸氯喹(万片/粒)	40
12		阿比多尔(万片/粒)	360

资料来源：国务院《抗击新冠肺炎疫情的中国行动》白皮书。

其次，日常生活物资供应未出现严重短缺的情况，居民生活物资得到了有序的供给。其中肉、菜、蛋、奶等生活必需品物资的供应充足，全国范围内未出现因抢购而导致的物资短缺情况，粮油价格保持平稳，煤、电、油、气、热等资源同样供应充足。同时，应急管理部会同国家粮食和物资储备局集中向湖北调拨棉衣、棉被、折叠床等物资③，保障了湖北省居民的正常生活以及方舱医院的正常运行，体现出国家救灾物资等相关储备在疫情物资保

① 《国务院应对新型冠状病毒感染的肺炎疫情联防联控机制举行新闻发布会 介绍疫情防控重点医疗物资和生活物资保障情况》，2020 年 2 月 3 日，http：//www.gov.cn/xinwen/2020-02/03/content_ 5474197. htm，最后访问日期：2021 年 7 月 21 日。

② 《疫情防控期间全力以赴确保医疗物资保障有序有力》，2020 年 3 月 1 日，http：//www.qstheory.cn/dukan/qs/2020-03/01/c_ 1125641807.htm，最后访问日期：2021 年 7 月 20 日。

③ 《再添 5 万床棉被，应急管理部调拨物资为湖北方舱医院提供支持》，2020 年 2 月 18 日，https：//www.sohu.com/a/373999404_ 161795，最后访问日期：2020 年 5 月 10 日。

障中发挥的重要作用。

最后，武汉火神山医院、武汉雷神山医院等大型临时医疗设备建设所需要的基础设施建设物资也得到及时供给。三大电信运营商、国家电网、中国电建等多家中央企业承担了医院建设所需要的钢材、网络覆盖等基础材料供应工作，在 10 天的时间内紧急调配，为武汉火神山医院、武汉雷神山医院的建设及顺利交付使用提供了基础设施建设保障。①

总体来看，物资需求得到保障，但相关工作仍然暴露出我国应急物资保障方面的问题，在日常储备管理、生产调用、紧急采购、社会物资捐赠管理等方面有待进一步完善。本文将从制度建设、机制建设和临机适应能力建设三个方面对应急物资保障情况开展评估。

（一）制度建设短板：日常储备对极端巨灾情景下的峰值需求考虑不足

针对库存物资储备，1997 年我国建立了中央与地方两级医药储备制度。在地方层面，2013 年修订的《中华人民共和国传染病防治法》明确规定"县级以上人民政府负责储备防治传染病的药品、医疗器械和其他物资，以备调用"。在实际运行中，基层政府虽然储备了一定的应急物资，却较少对巨灾情景加以考虑，难以满足重大疫情下的需求。在中央层面，虽然 1 月 23 日工业和信息化部迅速安排中央医药储备向武汉市紧急调用了 1 万套防护服、5 万套手套②，但仍然面临较大的需求缺口。湖北省提出的需求清单包括每天约 10 万套防护服，但当时的生产能力仅能保证每日 3 万套的供给③，暴露出巨灾情景下储备的短板。

---

① 《战"疫"！中央企业在行动》，2020 年 1 月 29 日，http：//www.xinhuanet.com/politics/2020-01/29/c_ 1125510504.htm，最后访问日期：2021 年 8 月 30 日。

② 《工信部向武汉紧急调用 1 万套防护服、5 万套手套 保障防疫物资供给》，2020 年 1 月 25 日，http：//caijing.chinadaily.com.cn/a/202001/25/WS5e28060a3107 bb6b579b7bd.html？from=groupmessage，最后访问日期：2021 年 5 月 5 日。

③ 《工信部：湖北每天需求防护服 10 万件，目前全国产能仅 3 万件》，2020 年 1 月 26 日，https：//m.thepaper.cn/newsDetail_ forward_ 5641034，最后访问日期：2021 年 5 月 5 日。

（二）机制建设短板：应急物资生产调用、应急物资结构、行业管理有待完善

1. 生产调用管理不规范，底数不清

为了应对生产调用方面存在的供方和需方信息不对称问题，1月29日，中央应对疫情工作领导小组紧急建立了疫情防控物资全国统一调度平台。然而，由于对日常物资储备的管理机制仍然不完善，部分地方政府在疫情前对于当地企业的生产状况缺乏足够了解，不掌握物资生产企业的产能、库存储备等信息，在应急响应启动后才开始摸排企业情况，一定程度上延误了快速响应的战机。[①]

由于对企业的生产状况缺乏精准的了解，一些小型民用口罩生产企业甚至一度被不加区别地要求禁止生产。例如，部分口罩生产商在疫情前的主要业务为外贸出口，但因为没有国内生产资质而被一刀切关停，不准提前复工。[②] 由于拥有生产资质的企业仅占少数，因而关停口罩生产企业导致产能下降，后期又因产能扩张需要而放松了口罩生产企业的复产条件。

2. 部分物资设备难以自给，进口依赖较强

疫情也暴露出医疗物资产业的结构性短板，例如我国口罩、防护服产能虽占全球比例最高，但国内企业对 ECMO 等高端医疗装备的生产能力仍然非常有限，有创呼吸机等高端设备生产和供给同样存在短板，部分应急产品性能有待提升。[③]

3. 口罩等关键物资生产行业中的市场失灵

企业数量的激增及行业形势的迅速变化给行业管理带来挑战。随着社会

---

① 《封面报道之产业篇 | 仙桃：口罩生产过山车》，2020 年 2 月 15 日，http：//weekly. caixin. com/2020-02-15/101515707. html，最后访问日期：2020 年 4 月 27 日。

② 《为保口罩质量和价格，仙桃部分口罩厂关停》，2020 年 2 月 4 日，https：//m. caixin. com/m/2020-02-04/101511555. html，最后访问日期：2020 年 4 月 27 日；《民用口罩厂关停还是增产？仙桃市和湖北省政策不一》，2020 年 2 月 9 日，http：//www. caixin. com/2020-02-09/101513277. html，最后访问日期：2020 年 4 月 27 日。

③ 《工信部：中国呼吸机产能不到全球五分之一 已供应国外呼吸机近 1.8 万台》，2020 年 4 月 9 日，http：//www. caixin. com/2020-04-09/101540311. html，最后访问日期：2020 年 4 月 27 日。

对口罩需求的激增，一些企业紧急转产生产口罩及原材料。熔喷布是口罩生产的关键原材料，生产熔喷布的企业大幅度增长。作者在"天眼查"网站上搜索发现生产经营范围中包含"熔喷布"的企业共 5234 家，其中 2020 年2 月以来成立的有 3103 家①（见图 1）。口罩生产所需的核心原材料熔喷布、无纺布等价格成倍增长，其中，熔喷布价格由 2020 年前约 1.8 万元/吨上涨至 40 万~50 万元/吨②。

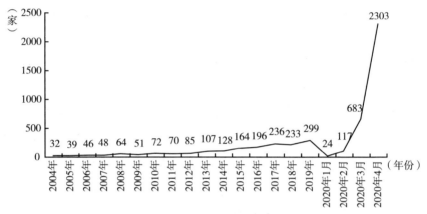

图 1　2004~2020 年 4 月业务范围中包含熔喷布的新设企业数量

资料来源："天眼查"网站检索获取。

　　口罩及原材料生产企业数量剧增，产量增大，但将生产的熔喷布样品送检并非企业的"规定动作"，样品检测成为下游口罩生产厂商的"自选行为"。③ 由于生产规范和管理未及时跟进，影响了产品质量。疫情发生以来，全国各地多次查获不合格口罩，据国家市场监管总局检查结果，截至 4 月26 日共查获"问题口罩 8904.61 万只，查获其他有问题的防护用品 41.8 万

---

① 资料来源于作者在"天眼查"网站搜集的经营范围中包含"熔喷布"的企业信息，信息采集时间：2020 年 4 月 27 日。
② 《"口罩熔喷布之乡"造富神话破灭：生厂商称"一夜之间，血本无归"》，2020 年 4 月 25 日，https：//mp.weixin.qq.com/s/nc9bfx32aBzlWSn8KQXemA，最后访问日期：2020 年 4 月 27 日。
③ 《大量仿制熔喷布入市 口罩质量能有保障么？》，2020 年 4 月 18 日，http：//companies.caixin.com/2020-04-18/101544137.html，最后访问日期：2020 年 4 月 28 日。

件，查获有问题的其他消杀用品货值达到 760.94 万元"。[①]

针对混乱的市场秩序，我国采取了较为严厉的措施。国家市场监管总局于 3 月 5 日印发了《关于开展熔喷布价格专项调查的紧急通知》，要求"江苏、浙江、河南、山东、广东等 8 省份对熔喷布生产企业开展专项调查"[②]。一些地方政府也采取了紧急措施。例如扬中市政府的管制政策由松到紧，3 月 20 日起开始开展熔喷布企业的集中检查，4 月 2 日起，由于申请审批的企业过多，该市政府通过预约、限号的方式办理工商登记[③]，最终于 4 月 15 日紧急宣布全市所有熔喷布生产经营企业全面停产整顿。[④]

（三）临机适应能力建设短板：社会捐赠物资管理能力相对滞后

物资集中接收和发放是捐赠物资管理的重要一环，然而湖北和武汉两级红十字会在疫情应对之初存在人手不足、专业能力不强的问题。[⑤] 例如，红十字会在物资管理方面仍然倾向于采用"人海战术"，虽然启动响应后招募了大量志愿者，但由于电子化管理水平较低，部分武汉市红十字会物资统计甚至需要志愿者进行手写，导致后期清点不清。[⑥]

此外，物资从入库到最终送达医院需要经历较长的链条和手续，包括"红十字会登记入库、卫健委初拟分配方案、市指挥部审核备案、质监部门

---

① 《市场监管总局：已阻止 36 万只不合格口罩进入市场》，2020 年 4 月 26 日，https：//baijiahao. baidu. com/s？ id=1665024978556752304&wfr=spider&for=pc，最后访问日期：2020 年 4 月 27 日。

② 《市场监管总局：已阻止 36 万只不合格口罩进入市场》，2020 年 4 月 26 日，https：//baijiahao. baidu. com/s？ id=1665024978556752304&wfr=spider&for=pc，最后访问日期：2020 年 4 月 27 日。

③ 《围堵劣质口罩源头："熔喷布之乡"扬中造富神话破灭》，2020 年 3 月 31 日，http：//m. caijing. com. cn/article/180743，最后访问日期：2020 年 4 月 27 日。

④ 《中国口罩出口的美国难题》，2020 年 4 月 20 日，https：//www. sohu. com/a/389653683_220095，最后访问日期：2020 年 4 月 27 日。

⑤ 《医疗物资储备制度亟待落地》，2020 年 2 月 6 日，https：//www. sohu. com/a/370782195_99923264，最后访问日期：2020 年 4 月 28 日。

⑥ 《复盘舆论漩涡中的武汉红十字会"当时只想找搬运工，不惜力气的"》，2020 年 4 月 15 日，http：//www. infzm. com/content/181565，最后访问日期：2020 年 4 月 27 日。

查验物资、红十字会组织物流发送", 其中流程衔接较为复杂, 一定程度上影响了物资供给效率。[①]

针对社会捐赠物资的管理问题, 红十字会后来多次对管理流程进行调整: 2月2日后, 一部分物资可以直接由捐助者联系车辆送达医院, 武汉市红十字会只需在事后补证明; 另一部分物资进入仓库登记后马上转运出去。[②] 但频繁的工作失误对红十字会的公信力造成了负面影响, 引起社会舆论的广泛质疑。

四 应急物资体系建设的经验启示

(一)完善应急物资"峰值"需求保障

面对疫情期间的物资"峰值"需求, 很多临机适应的举措帮助疏解了"峰值"压力。这些举措值得进一步总结并转化为常态的应急准备制度, 为未来的应对做好准备。第一, 推动驻企特派员机制的制度化, 建立常态化工作机制来加强其与关键应急物资供应企业的定期交流, 更好地在紧急状态下发挥纽带作用。第二, 将大学校友会、新业态企业等社会力量整合进社会参与网络中, 进一步完善其在信息对接、全球采购、物流运输和仓储分发等核心环节的参与规范。第三, 梳理评估针对应急物资生产企业开展快速审批、低息贷款、财政补贴的应急工作流程, 将可取之处融入未来应急保障工作制度中。

(二)补足应急物资机制建设短板

第一, 摸清底数, 规范应急物资的生产。要通过对疫情物资保供的全链

① 《复盘舆论漩涡中的武汉红十字会"当时只想找搬运工, 不惜力气的"》, 2020年4月15日, http://www.infzm.com/content/181565, 最后访问日期: 2020年4月27日。
② 《复盘舆论漩涡中的武汉红十字会"当时只想找搬运工, 不惜力气的"》, 2020年4月15日, http://www.infzm.com/content/181565, 最后访问日期: 2020年4月27日。

条分析来梳理重大突发事件应对中的物资需求，同时展开救灾物资的供给现状及能力排查。第二，优化应急物资的生产、储备结构。在保障基础应急物资供应的同时，要注重提升高端设备的供给能力，补齐结构性短板，避免在关键物资上被"卡脖子"。第三，融合实物储备、生产能力储备和市场机制，同时完善行业管理。应急状态下的物资供应需要多种储备、生产机制共同发力，在实物储备之外，制定可进行协议或生产能力储备的应急物资名录及相关企业名录，充分利用市场优势来降低储备成本。

（三）强化物资管理的临机适应能力

临机适应、快速响应的能力不仅需要制度与机制的保障，也需要日常实战演练以及信息化管理系统建设的支撑。疫情应对之初，湖北、武汉两级红十字会在接收、分配物资时之所以捉襟见肘，很大程度上源于组织缺少应对应急状态下"峰值"需求的快速响应能力。应该在日常运作中定期开展极端场景下的模拟演练，更新应急预案。此外，需要持续提高工作的信息化管理水平，确保关键物资信息能够互联共享、一网统管。

参考文献

林顺浩、何立晗：《异军突起的高校校友会：防疫医护物资调配的组织协作网络——以武汉大学校友会为例》，《中国非营利评论》2020 年第 2 期。

吕孝礼、马永驰：《面向"十四五"应急物资保障体系建设的初步思考》，《中国减灾》2021 年第 9 期。

梁志杰、韩文佳：《应急救灾物资储备制度的创新研究》，《管理世界》2010 年第 6 期。

杨子健、李威：《发挥国家物资储备优势，参与救灾物资储备》，《宏观经济管理》2007 年第 9 期。

李保俊：《我国救灾物资储备体系建设现状与展望》，《中国减灾》2013 年第 19 期。

胡俊锋、连巧玉：《把握机遇，顺势而为，健全救灾物资储备体系》，《中国减灾》2018 年第 11 期。

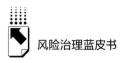

汶川特大地震抗震救灾志编纂委员会编《汶川特大地震抗震救灾志（卷6灾区生活志）》，方志出版社，2015。

Ansell, C. , Sørensen, E. and Torfing, J. , "The COVID – 19 Pandemic as a Game Changer for Public Administration and Leadership? The Need for Robust Governance Responses to Turbulent Problems ", *Public Management Review*, 2020, 23（7）: 949-960.

Balcik, B. , Beamon, B. M. , Krejci, C. C. , Muramatsu, K. M. and Ramirez, M. , "Coordination in Humanitarian Relief Chains: Practices, Challenges and Opportunities ", *International Journal of Production Economics*, 2010, 126（1）: 22-34.

Beamon, B. M. and Balcik, B. , "Performance Measurement in Humanitarian Relief Chains", *International Journal of Public Sector Management*, 2008, 21（1）: 4-25.

Behl, A. and Dutta, P. , "Humanitarian Supply Chain Management: A Thematic Literature Review and Future Directions of Research", *Annals of Operations Research*, 2018, 283（1-2）: 1001-1044.

Boin, A. , Kelle, P. and Clay Whybark, D. , "Resilient Supply Chains for Extreme Situations: Outlining a New Field of Study", *International Journal of Production Economics*, 2010, 126（1）: 1-6.

Comfort, L. K. , Boin, A. and Demchak, C. C. , *Designing Resilience: Preparing for Extreme Events*, Pittsburgh: University of Pittsburgh Press, 2010.

Day, J. M. , "Fostering Emergent Resilience: The Complex Adaptive Supply Network of Disaster Relief", *International Journal of Production Research*, 2013, 52（7）: 1970-1988.

Gatignon, A. , Van Wassenhove, L. N. and Charles, A. , "The Yogyakarta Earthquake: Humanitarian Relief through IFRC's Decentralized Supply Chain", *International Journal of Production Economics*, 2010, 126（1）: 102-110.

Kovács, G. , Glenn Richey, R. and Spens, K. , "Identifying Challenges in Humanitarian Logistics", *International Journal of Physical Distribution & Logistics Management*, 2009, 39（6）: 506-528.

Oloruntoba, R. and Gray, R. , "Humanitarian Aid: An Agile Supply Chain?", *Supply Chain Management: An International Journal*, 2006, 11（2）: 115-120.

Perry, R. W. and Lindell, M. K. , "Preparedness for Emergency Response: Guidelines for the Emergency Planning Process", *Disasters*, 2003, 27（4）: 336-350.

Rodríguez, H. , Quarantelli, E. L. and Dynes, R. R. , *Handbook of Disaster Research*, New York: Springer, 2007.

Tang, C. S. , "Perspectives in Supply Chain Risk Management", *International Journal of Production Economics*, 2006, 103（2）: 451-488.

Thévenaz, C. and Resodihardjo, S. L. , "All the Best Laid Plans Conditions Impeding Proper Emergency Response", *International Journal of Production Economics*, 2010, 126

（1）：7-21.

Tomasini, R. M. and Van Wassenhove, L. N. , "Pan-American Health Organization's Humanitarian Supply Management System: De-Politicization of the Humanitarian Supply Chain by Creating Accountability", *Journal of Public Procurement*, 2004, 4 (3): 437-449.

Tukamuhabwa, B. R. , Stevenson, M. , Busby, J. and Zorzini, M. , "Supply Chain Resilience: Definition, Review and Theoretical Foundations for Further Study", *International Journal of Production Research*, 2015, 53 (18): 5592-5623.

Van Wassenhove, L. N. , "Humanitarian Aid Logistics: Supply Chain Management in High Gear", *Journal of the Operational Research Society*, 2017, 57 (5): 475-489.

Whybark, D. C. , "Issues in Managing Disaster Relief Inventories", *International Journal of Production Economics*, 2007, 108 (1-2): 228-235.

案 例 报 告

Case Reports

B.7

基金会参与风险治理创新实践报告

——以 2020 年新冠肺炎疫情应急援助为例

丁杨阳　范晓雯　那　梅*

摘　要： 本文通过基金会救灾协调会及其 5 家成员单位在 2020 年参与应
急援助的行动案例的梳理、分析和反思，发现基金会作为社会治
理体系中"社会参与"的重要力量，在应急救援中具有行动定
位精准化、应急需求识别精细化、应急救援服务多元化等特点，
在国家的风险治理中发挥了独特作用。同时，推动更大层面的行
业协同、做好捐赠教育及"政府－社会－市场"的多方协同成为
基金会行业参与风险治理的未来发展重点。

关键词： 基金会救灾协调会　新冠肺炎疫情　社会参与　风险治理

---

* 丁杨阳，上海爱德公益研究中心执行总干事，研究方向为非营利组织管理；范晓雯，救助儿
童会减灾和学校安全技术顾问、基金会救灾协调会原总干事，研究方向为灾害风险管理、学
校防灾减灾；那梅，基金会救灾协调会顾问，研究方向为非营利组织管理。

一 综合概述

（一）背景概述

新型冠状病毒肺炎疫情（下文简称"新冠肺炎疫情"）的突发给人们的生活、生产带来了极大的改变，人们的健康、工作、交通及学习等方方面面都受到了不同程度的影响。在新冠肺炎疫情突发后，我国政府勇担重责，集全国之力以全面、严格、彻底的防控举措，使其得到了有效控制，并为全球新冠肺炎疫情防控筑起了防线。截至 2021 年底，我国累计报告确诊病例102314 例，死亡 4636 例。① 除了公共卫生危机外，近年我国气候年景也偏差，如 2020 年长江流域出现了 1998 年以来最严重汛情，华南秋冬季干旱较重，南方高温持续时间长、极端性强，北方冰雹灾害突出。2020 年各种自然灾害共造成 1.38 亿人次受灾，591 人因灾死亡或失踪，589.1 万人次紧急转移安置，直接经济损失达 3701.5 亿元。② 2021 年 7 月 17~23 日，河南省遭遇历史罕见特大暴雨，发生严重洪涝灾害，灾害共造成河南省 150 个县（市、区）1478.6 万人受灾，因灾死亡失踪 398 人，直接经济损失达 1200.6 亿元。③

在我国共建共治共享的社会治理格局下，风险治理不只是党委和政府的责任，企业、社会组织、公众也被鼓励多样化、多渠道、多层次地参与。尤其是 2008 年以来，社会组织的独特价值逐渐彰显，在我国风险治理体系中扮演着越来越重要的角色。

---

① 《截至 12 月 31 日 24 时新型冠状病毒肺炎疫情最新情况》，中华人民共和国国家卫生健康委员会官网，2022 年 1 月 1 日，http：//www.nhc.gov.cn/xcs/yqtb/202201/64fae96558284e548f31f67bb541b8f2.shtml，最后访问日期：2022 年 1 月 16 日。

② 《应急管理部发布 2020 年全国自然灾害基本情况》，中华人民共和国应急管理部官网，2021 年 1 月 8 日，https：//www.mem.gov.cn/xw/yjglbgzdt/202101/t20210108_376745.shtml，最后访问日期：2021 年 5 月 4 日。

③ 《河南郑州"7·20"特大暴雨灾害调查报告发布》，中国政府网官网，2022 年 1 月 21 日，http：//www.gov.cn/xinwen/2022-01/21/content_5669723.htm，最后访问日期：2022 年 2 月 16 日。

（二）2020年基金会参与风险治理创新概述

在2020年度的新冠肺炎疫情抗击和洪灾救援中，除了物资捐赠外，社会组织也积极参与了应急物流、志愿服务、脆弱人群服务、心理疏导、社区防疫、转移安置及助力复工复产等领域。而作为公益领域的"资源中心"，基金会在危机到来时一马当先，践行着募集和调配资源的使命。根据民政部统计季报数据，截至2021年底，我国社会组织登记总数为90.09万家，其中基金会数量为8885家。①

虽然目前无法全面得知基金会参与2020年风险治理的所有行动和确切数量，但从现有资料来看，基金会参与风险治理行动分为应急响应、灾后重建、行业倡导等三类。以2020年抗击新冠肺炎疫情为例，大多数基金会积极参与了应急响应的工作，比如深圳壹基金公益基金会于2020年1月22日最早启动了新冠肺炎疫情响应机制、腾讯基金会在2020年1月24日即设立3亿元的第一期新型肺炎疫情防控基金、中国宋庆龄基金会发起"抗击疫情一线媒体人保障计划"以及湖北水灾后的物资发放等行动，从不同层面回应风险下的需求。随着风险的发展和防控，复工复产、社区发展、防止因灾返贫、风险预防的需求更为明显，基金会的行动更偏向安抚和赋能，比如灵山慈善基金会联合发起"邻家抗疫·至亲关爱计划"、湖南弘慧教育发展基金会发起"为网课困难学子送平板电脑"活动及敦和基金会资助武汉恩派"疫后行动计划"帮扶弱势人群及梳理社区防疫经验。除了"埋头做事"外，中国基金会也注意"抬头看路"，包含行业行动研究（如爱德基金会资助的《疫情背景下社会组织生存状态调查报告》）、行业经验总结（如举办"因势聚力 协创未来"基金会发展论坛）及政策倡导（呼吁行业协同、政社协同）等。

---

① 《2021年4季度民政统计数据》，中华人民共和国民政部官网，2021年10月4日，http：//www.mca.gov.cn/article/sj/tjjb/2021/202104qgsj.html，最后访问日期：2021年12月10日。

《中国基金会新冠抗疫调查》[①] 报告分析发现 2020 年基金会参与风险治理的几个特点：公募基金会更积极、规模更大的基金会更倾向合作、外界对基金会的表现评价比自身满意度评价低，同时，基金会参与风险治理也在新冠肺炎疫情防控期间涉足了国际化互动；但基金会在参与风险治理中也存在基金会与基金会之间的联动不足、基金会与社会组织之间合作不足、基金会与政府之间的协同不足等问题。

二　实践介绍

公益机构间"原子化"的行动，很容易因为信息不对称而造成协调困难、需求不匹配甚至资源浪费。为了促进基金会之间、基金会与其他部门在灾害回应中的协同，基金会救灾协调会（注册名为"成都合众公益发展中心"，下文简称"救灾协调会"）于 2013 年"4·20"雅安芦山地震后成立，致力于做基金会救灾的协调平台。其第四届理事机构包含中国扶贫基金会、深圳壹基金公益基金会、南都公益基金会、爱德基金会及招商局慈善基金会共 5 家基金会，都是成立十年以上、在国内公益行业有重要影响力且在救灾领域有着丰富经验和专业储备的基金会。

（一）抗击新冠肺炎疫情中基金会的实践

尽管救灾协调会及其理事机构成员单位在灾害管理方面相对专业，但新冠肺炎疫情这样的公共卫生危机对于它们而言仍然比较陌生。以 2020 年 1 月 23 日武汉封城为时间点，在此之前救灾协调会及其成员就关注到了新冠肺炎疫情，如爱德基金会在 2020 年 1 月 20 日就在微信公众号倡导大家要警惕并注意学习预防新冠肺炎疫情知识，深圳壹基金公益基金会在 2020 年 1 月 22 日就启动了一级救灾应急响应机制。武汉封城后，救灾协调会立刻召

---

① 《重磅发布！〈中国基金会新冠抗疫调查〉阶段性成果首发》，中国基金会发展论坛，2020 年 11 月 24 日，https：//mp. weixin. qq. com/s/uF6wh421XxmA3dAfzegZpw，最后访问日期：2021 年 2 月 16 日。

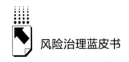
开线上会议，进行初次沟通但并未决定立即联合响应，然而随着新冠肺炎疫情的快速发展、前线需求的紧迫、社会捐赠的高涨，行业内的救灾响应情况发生了快速的变化，救灾协调会成员结合自身资源及使命愿景纷纷投入抗疫行动中，并于2020年2月2日与国内多家基金会联合启动了"社会组织抗击新冠疫情协作网络"（英文名为"China NGO Consortium for COVID-19"，以下简称CNC-COVID19）。救灾协调会及其成员单位在达成联合响应的共识之后，根据各自特长各司其职并协同行动。

爱德基金会成立于1985年，是我国成立最早的基金会之一，于1987年开始涉足应急救灾领域，在自然灾害救援领域经验丰富。面对来势汹汹的新冠肺炎疫情，爱德基金会发起了联合战"疫"行动，联合政府部门、企业、媒体、社会大众等，动员爱德基金会自身的人力和组织资源，借助互联网技术手段、明确的工作流程和在地伙伴的合作，开展了应急物资捐赠、助力医护后勤保障、支持社区抗疫及脆弱群体服务等应急工作，并在2020年3月下旬开启了国际抗疫救援工作，为有需要的国家和地区提供物资援助。战疫期间，爱德基金会筹集近8500万元的善款和物资，其中有700多万元用于支持海外抗疫工作。

中国扶贫基金会成立于1989年，是中国扶贫规模最大、最具影响力的公益组织之一。为了缓解因灾致贫和因灾返贫，中国扶贫基金会于2003年开始实施灾害救援项目，并将其作为重要业务内容之一。根据新冠肺炎疫情需求，2020年1月26日，中国扶贫基金会正式启动抗击新冠肺炎疫情项目，并下设医院后援基金、防控资助、社区儿童关爱、环卫工人援助、产业扶贫恢复、国际抗疫等子项目，以资金资助、物资援助、服务开展等方式定向用于抗疫一线医院、医护人员的疫情防治防控工作，特殊人群的心理疏导工作，疫后贫困地区的产业帮扶工作，以及尼泊尔社区抗疫项目等。截至2020年底，抗击新冠肺炎疫情项目共计收入24340万元，项目支出22418万元。

南都公益基金会成立于2007年，是经民政部批准成立的全国性非公募基金会，致力于"支持民间公益"，也是国内资助型基金会的典型代表。灾害救援与灾后重建项目曾是南都资助特定公益领域的项目之一，自 2008 年汶川地震后开设，并基于灾害的"社会损失"概念资助了一系列 NGO 救灾项目。在此次疫情应对中，南都将促进行业建设作为工作重点，通过非限定性资金支持为公益伙伴提供宝贵的抗疫行动经费，通过发起联合行动促进公益组织之间信息协同及资源匹配，通过梳理行业内的抗疫行动、经验及观点促进行业内借鉴、讨论和反思。

招商局慈善基金会成立于 2009 年，是由招商局集团发起的、在民政部登记注册的全国性非公募基金会，资金来源于招商局集团及相关企业的捐赠。早在 2014 年，招商局基金会就与招商局集团旗下的中外运物流公司联合推出了"灾急送"救灾应急物流平台，以回应公益救灾机构等社会力量在救灾行动中对于应急物资物流运输需求。在新冠肺炎疫情突发初期，面对春节假期运输资源紧缺、武汉及周边道路封闭、一线医疗防护物资及生活物资运输中转不易等急难问题，"灾急送"平台累计为 150 余个海内外的爱心组织或捐赠个人发运抗疫物资 8926 立方米，共计 3679 吨，为社会各界提供物流服务价值人民币 347 万元。同时，招商局基金会结合长期在乡村社区工作的经验和资源，于 2020 年 2 月 27 日启动了"防疫抗疫，社区有招"（下文简称"社区有招"）支持计划，资助了超过 50 个社会组织参与基层抗疫，有力地回应疫后社区的多元需求，提升了社区应对公共危机的能力。

深圳壹基金公益基金会（下文简称"壹基金"）于 2010 年正式注册成立，是拥有独立从事公募活动法律资格的基金会。壹基金把灾害救助作为核心业务领域，常年参与重大和中小型灾害救援，在参与应急救灾及支持当地社会组织协同救灾方面积累了丰富的资源和经验。新冠肺炎疫情初露端倪时壹基金便开始准备，并于武汉封城前一天采取行动。抗疫期间，壹基金联合其自身项目合作伙伴，共同开展了抗疫物资紧急援助及一线人员支持、社区防疫支持、在线问诊服务、特殊需要群体支持、疫后常态防控工作等服务。截至 2020 年 12 月底，壹基金抗击新冠肺炎疫情行动募集款物 1.1 亿余元，其中现金捐赠 9796 万余元，实物捐赠 1241 万余元，捐赠人数超过 40 万人次。

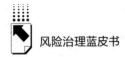

5家基金会应对新冠肺炎疫情的策略和方法各有特色，在自有项目上投入诸多精力的同时，在救灾协调会层面也达成了一定的协作：一方面是前线工作方面开展的协作，如物流配送、信息协同、在地资源共享等；另一方面是CNC-COVID19中的协作，通过资金、智力、信息、经验等全力支持CNC-COVID19的核心运作团队。CNC-COVID19行动架构（见图1）在社会组织协同响应新冠肺炎疫情的背景下应运而生，不仅以新冠肺炎疫情抗击中社会组织高效、有序的参与为目标，还着眼于中国社会组织应急协同长效机制的探索。CNC-COVID19在应急响应阶段开展了"一线问诊"、"快闪共商"、"项目推介会"、"行知行交流会"、"深度访谈"、编译知识库和分享一线行动信息等工作，并在疫情防控常态化情况下对行动进行评估和复盘、搭建信息分享平台以及探索社会组织应急协同长效机制的省级试点。

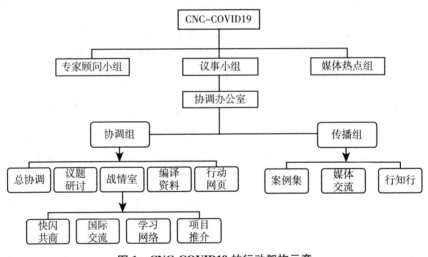

图1　CNC-COVID19的行动架构示意

（二）洪灾救援中基金会的实践

进入2020年4月后，国内新冠肺炎疫情防控逐步进入常态化。而自2020年5月底进入汛期以后，全国出现多次大范围强降雨过程，暴雨导致洪涝灾害频发，近30个省份受到洪涝灾害影响。国内公益组织再次响应，然而受新冠肺炎疫情的影响，洪灾救援的社会关注度和社会捐赠明显不足，救灾协调会及其成员单位的洪灾救援行动也受到了较大的影响。

在洪灾中，房屋被淹、道路被毁、生计被断，人们的温饱成了急需解决的问题，发放救灾物资是有效且常用的救援措施，包括食品和生活用品。截至 2020 年底，各基金会发放救援物资的价值分别为：中国扶贫基金会 1211 万元、壹基金 1183.94 万元、爱德基金会 970 万元、招商局基金会 25.45 万元。这其中：壹基金救援联盟项目 14 支队伍参与洪涝灾害救援 44 次、常规救援 105 次，营救转移被困群众和开展医疗服务 1259 人，打捞遗体 11 具；招商局基金会"灾急送"出动 50 台车辆支援公益组织的救灾物资运输和备灾仓储，累计捐赠公益物流费用达 58.8 万元。虽然南都公益基金会和救灾协调会没有参与到直接的救援服务中，但通过开展"疫情阴霾下洪灾来袭，民间公益力量如何动员社会参与"交流会、专题访谈及信息分享等行动，为行业应对挑战提供了交流和探讨的平台。

三　经验总结

2020 年，在陌生的公共卫生危机面前，救灾协调会及其成员都是"摸着石头过河"；在熟悉的自然灾害救援方面，他们又面临着新的挑战。尽管如此，其在行动定位、需求识别及救援服务等方面均有突出的特点。

（一）行动定位精准化

1. 宏观政策的契合

2020 年是决胜全面建成小康社会、决战脱贫攻坚之年，也是"十三五"规划收官之年。在此大背景之下，基金会参与风险治理的情况更为复杂，在把握国家宏观政策的基础上开展相应服务，才会达到事半功倍的效果。救灾协调会及其成员应对疫情和洪灾的行动都契合国家治理的政策指引。值得一提的是，中国扶贫基金会开展的产业扶贫恢复项目，借助直播卖货的风口邀请了多位明星担当消费扶贫助农大使，为恩施绿茶、宣恩红茶、神农架蜂蜜、阳新香菇等湖北农产品做推销，切实化解了疫情下农民返贫的危机；爱德基金会依托其自身海外资源及"走出去"的战略规划，在疫情前期将海外资源引入国内解决一线的燃眉之急，在国内疫情稳定、全球疫情突发的背景下又着手海外抗疫行动，并组织和参与国际社会组织抗疫分享会，用自身行动阐释了基金会如何参与共建人类命运共同体。

2. 第三部门在风险治理中的补位作用

我国的社会治理体系强调"党委领导、政府负责、民主协商、社会协同、公共参与、法治保障、科技支撑"。基金会作为"社会协同"中第三部门的组成部分，在风险治理中需要扮演的是社会各界参与的代表者、政府工作的辅助者、各类志愿服务的支持者及实施风险治理的社会创新者等角色。2020 年 1 月 26 日，民政部针对动员慈善力量参与新冠肺炎疫情防控工作发出公告，强调要"依法有序"。① 在实践中，救灾协调会及其成员也牢牢把握自身定位，尽力做到了"帮忙不添乱"。例如，招商局基金会提供的"灾急送"物流平台，尽管当时顺丰、邮政、苏宁等商业公司也在提供紧急物流服务，但其基于自身为社会各界提供免费物流的定位，以及自身大宗物流干线运输的特征，并未与其他物流公司形成竞争关系，而是相互补充，共同缓解了应急物流的窘境；再如，爱德基金会于 2 月下旬接受了江苏省委统战部的委托，为对口支援的黄石地区提供物资救援，爱德基金会承担了需求对接、物资采购、中转运输及按需发放等工作，用更专业的方法将政府部门的意志更有效地表达，扮演了政府为当地服务的"触角"角色。

3. 基金会在公益行业中的支柱性作用

在公益行业中，基金会位于公益链的"上游"，是行业资源的中心，不仅承担着公益资源筹集和分配的职责，更承担着促进公益行业建设、促进社会向善变革的使命。尽管我国公益生态发展并不成熟，资助型基金会数量有

---

① 《民政部关于动员慈善力量依法有序参与新型冠状病毒感染的肺炎疫情防控工作的公告》，中华人民共和国民政部官网，2020 年 1 月 26 日，http://www.mca.gov.cn/article/xw/tzgg/202001/20200100023667.shtml，最后访问日期：2021 年 6 月 18 日。

限，但救灾协调会及其成员的行动对于行业发展着实起到了引领和促进的作用。南都基金会并未直接参与到抗疫和救灾的一线行动中，但是其为公益组织提供非限定性经费的资助，解决了不少参与抗疫的公益组织缺乏工作经费的痛点，它为推动信息共享所开展的线上活动、访谈及观点分享则为公益组织参与抗疫提供了信息支持。招商局基金会的"社区有招"计划，也是基于促进公益组织扎根社区、激发社区主体性、切实回应社区需求而实施的。

4. 救灾协调会在行业救灾中的平台作用

救灾协调会的使命，是协助救灾的基金会在政社合作、行动信息及专业技能等方面达到协同。在此次抗疫行动和洪灾救援中，救灾协调会通过一系列服务，使得基金会的救灾行动得到了协调。首先，作为信息协同平台，救灾协调会致力于让从业者了解同行的行动和经验，如每天梳理基金会抗疫行动的动态并及时分享、"快闪共商"分享行动经验。其次，作为基金会和服务机构间的协作平台，救灾协调会为确保双方信息及时互通和高效合作做出了努力，如在新冠肺炎疫情期间举办的"项目推介会""一线问诊"等。最后，作为专业智库平台，救灾协调会积极对接国际经验，并及时总结国内经验，如编译知识库、开展"行知行交流会"和深度访谈等。同时，作为行业建设推动者，救灾协调会为社会组织应急协同长效机制做出了宝贵的探索，总结了行业数据和报告，如撰写《社会组织抗击新冠肺炎疫情评估报告》、《社会组织抗击新冠疫情协作网络评估》和《2020 年社会组织参与洪灾调查和总结报告》。

（二）应急需求识别精细化

新冠肺炎的突如其来，让人们都措手不及。除了新冠病毒自身带来的健康威胁外，随着武汉封城、交通管制、居家隔离等政策的实施，疫情所带来的其他影响也逐步显现。相对于政府和企业来说，公益组织更具有优势的是其社会功能，即组织社会参与、链接社会资源、提供专业服务、回应社会需求。

1. 关注脆弱人群

新冠肺炎疫情防控的特殊时期，脆弱人群面临着更为严峻的挑战。面对艰巨的防控任务，政府部门要兼顾到每一个群体实属不易，而公益组织则可凭借其"以人为本"的天然属性，为弱势群体提供其急需的服务。壹基金关注到了心智障碍儿童、孕妇及医护人员子女的需求，支持开展了"特殊需求困难家庭疫情期间紧急救助网络"、"武汉安心孕期公益行动"和"湖北战'疫'一线医护子女关爱计划"等项目，分别为959户心智障碍家庭进行了深入排查并完成了21起个案救助、为1300名孕晚期妈妈提供了检测硬件及线上咨询服务、为2100名医护家庭子女提供了线上陪伴及物资支持。爱德基金会及时调整了现有的脆弱群体服务模式，通过在线教育对自闭症儿童进行康复教学，通过线上咨询指导助力"大地新芽"项目的母婴关爱，通过志愿服务为社区高龄独居老人提供电话访谈和代购送餐服务。中国扶贫基金会特别关注到了武汉市确诊新冠肺炎的一线环卫工人，并为他们提供了资金救助。救灾协调会围绕"弱势人群扶持"议题开展了政策梳理、服务扫描、专题访谈和线上交流会等活动，对社会组织参与弱势群体服务的行动、经验、挑战及启示进行了系统梳理。

2. 关注个性需求

不同于政府部门的救助服务，公益组织对于社会需求的敏感来源于日常服务经验和专业性，是自下而上的，所以能够更准确预感和研判人们的个性化需求。这也是公益组织不可替代的价值与优势。尽管基金会不同于社会服务机构，一般不提供一线服务、不直接满足服务需求，但由于基金会作为公益资源的分配者，其资助方向对于一线机构的服务内容也起到了导向作用。比如：壹基金资助的"特殊需求困难家庭疫情期间紧急救助网络"就深入介入了21起个案，为这些家庭一对一地提供帮助；招商局基金会资助的"湖北丧偶单亲家庭心理支持平台搭建及服务项目"则基于湖北丧偶单亲家庭的需求去搭建互助社群空间。

3. 关注行业危机

社会经济下行、政府购买减少、捐赠热情透支、专业能力被质疑，整个公益行业在疫情期间面临着重重挑战。行业内甚至有专业人士称其为"社会组织金融风暴",呼吁行业"自救"。① 有多个研究团队调查研究,结果也较为相近:超过九成的社会组织受到疫情打击,近14%面临倒闭风险。② 在这种情况下,作为行业"资源池"的基金会采取了更宏观的行动。南都基金会一方面通过资助湖北一线公益组织参与抗疫行动,另一方面通过协作网络、联合行动、研究倡导等内容促进行业内的协同。CNC-COVID19 则为参与抗疫的社会组织提供信息分享、能力建设和资源链接等服务。CNC-COVID19 也通过专题调研来切实了解抗疫一线组织遇到的挑战,并通过国外经验分享、线上交流会等活动进行重点回应。

(三)应急救援服务多样化

一般来说,自然灾害的响应会有明确的应急响应期、过渡重建期和灾后重建期,但是新冠肺炎疫情的反复性和不确定性使得公益组织的响应更加复杂。疫情防控不同于普通的灾害响应,服务对象需求差异较大,因此公益组织的策略和应对方式也发生了调整。对比之前的各类灾害援助行动,基金会2020年参与新冠肺炎疫情抗击的行动则更加多样化。

1. 提供多方位服务

从服务形式来看,线上服务与线下服务并行成为抗疫行动的最大特征。面对面的沟通方式和服务方式在新冠肺炎疫情期间不再适用,线上办公和线上服务便成了趋势。2020年4月之前,除了物资运输和发放等必须线下开展的服务,需求对接、物资采购、人员协同、咨询服务、访谈、沙龙、研讨等服务都采用了线上工具,就连康复训练也采取了直播课堂的形式。在那段特殊的时期,线上服务成了有力工具。在新冠肺炎疫情防控进入常态化之

---

① 《恩派吕朝:疫情带来"社会组织金融风暴","大洗牌"来了》,社会创新家,2020年2月24日,https://mp.weixin.qq.com/s/t8zoCLJUvdBUTlgJBY5ycQ,最后访问日期:2021年5月4日。

② 数字引自2020年7月20日由中国农业大学人文与发展学院、公益慈善周刊等机构联合发布的《新型冠状肺炎疫情对社会组织的打击深度及其应对措施的年中快速评估——基于北京市服务型社会组织随机抽样的调研分析》报告。

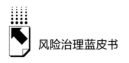

后，在线化的参与方式和办公方式也趋于常态。

从服务内容来看，救灾协调会及其成员的抗疫行动涵盖了应急救援、过渡安置、灾后重建及预防准备等多方面的行动。除了物资捐赠、在线诊疗、物资运输、宣传倡导等应急服务外，基金会的行动内容还包含脆弱人群支持、情绪心理疏导、韧性社区建设、农村产业帮扶等过渡及重建类服务，对于公益救灾行业的探讨、应急协同长效机制的探索、社会防灾减灾能力的提升等工作更是对此次行动的宝贵沉淀及为今后的突发事件做足准备。

从服务区域来看，救灾协调会及其成员抗疫行动的范围较广。湖北省是2020年受新冠肺炎疫情影响最严重的省份，也是各类救援资源最集中的省份，但社会力量的作用发挥不限于湖北。据统计：壹基金的行动涵盖了深圳市、雄安新区等全国30个省（自治区、直辖市）298个市（地区、自治州、盟），共有11331家次社会组织37567人次志愿者服务超过200万人次；爱德基金会除了国内救援外，也向亚洲、非洲、欧洲、美洲共近30个国家和地区提供了物资救援。

从服务时长来看，持续性服务是救灾协调会及其成员抗疫行动的另一特征。新冠肺炎疫情还未结束，诸多公益组织也明确将新冠肺炎疫情应对工作列为机构长期项目。在2021年初的河北、通化新冠肺炎疫情中，中国扶贫基金会立即响应；招商局慈善基金会的"社区有招"项目将持续资助社区治理、社区韧性建设的项目；南都基金会则通过支持协同网络、研究等行业基础设施持续推动公益行业救灾领域的发展。

2. 多元参与方的协同

公益行业不同于企业部门的"谁出资谁消费"的资源流动渠道，而是需要为需求方提供所需服务的同时也遵循捐赠人的意愿。在这个过程中，就会涉及捐赠方、公益机构和服务对象等利益相关方。由于公益资源的流动往往通过基金会资助到一线服务机构，中间可能还通过枢纽机构进行区域性管理，相关方就更加复杂。以新冠肺炎疫情期间的医疗物资捐赠为例，基金会通过公开募捐或定向募捐接受捐赠，通过医院、社区、枢纽机构或一线服务机构等组织了解实地需求，通过工作人员或志愿者去筛选和购买所需物资，再通过物流公司的运输和合作伙伴的分发使得物资到达所需对象手中，在这个过程中则同时存在着基金会之间的合作、基金会与企业之间的合作、基金会与社会服务机构之间的合作、基金会与医院社区及政府部门之间的合作。

相较于日常的合作，新冠肺炎疫情中参与方之间的协同更加明显。如：一些企业得知物资购买方是公益基金会，会主动选择降价或捐赠；服务对象不再简单地接受服务，而参与进志愿活动中；基金会之间开始尝试信息互通、资源共享；基金会与社会服务机构之间也不再是简单的资助与被资助的关系，而成为回应需求的共创伙伴。在政社协同方面，或许还没有形成完善的协同机制，更多体现在基金会接受政府委托项目、跟相关部门沟通汇报、跟基层政府做协调等层面，但在抗疫中也出现了政府向社会组织学习的机制。[1]

四　成效与反思

（一）2020年基金会参与应急救援的成效

1. 充分发挥社会力量，提升应急救援的温度

跟政府部门的法律赋权、企业部门的利益驱动不同，公益组织的行动机理是基于需求、使命和共识的。在灾害发生的时候，政府部门更擅长用行政力量去做应对，而公益组织的公益性、专业性及志愿性使其能很好地协助政府提供社会公共服务、及时补位。有学者认为，2020年新冠肺炎疫情突发之后，"社会组织发挥了重要的不可替代的作用，为处理突发公共事件做出了重大贡献"[2]。比如：积极组织和发动社会捐赠，为新冠肺炎疫情防控提

---

[1] 中国应急管理协会、基金会救灾协调会、北京师范大学风险治理创新研究中心：《社会组织抗击新冠肺炎疫情评估报告》，2020年。

[2] 爱德基金会、南京大学河仁社会慈善学院：《疫情背景下社会组织生存状态调查报告——功能、处境与前瞻》，2020年。

供资金和物资支持；积极参与社区联防联控，提供应急服务；开展各种志愿服务；关爱社会特殊群体；搭建以互联网为载体的协作平台；等等。[①] 然而，在新冠肺炎疫情严格的出行限制之下，基金会的救援行动更关注人们的情绪障碍、适应不良、生计困难、社会功能受损等方面的个性需求，并给予相应的支持、陪伴和赋能，使得服务对象能够获得平等、尊重、有效的帮助，凸显了社会治理中的柔性和温情。

2. 积极整合行业资源，探索公益行业救灾模式

新冠肺炎疫情所波及的地域、影响的人群、牵涉的问题多而复杂，之后的洪灾救援亦是前所未有的艰难。在第三部门整体资源有限的情况下，公益组织之间的协作显得尤为重要。如何将组织自身的资源充分整合、如何最大限度地调动捐赠资源、如何跟同行之间达到资源和行动的整合，是基金会面临的挑战，也是整个公益行业需要解决的问题。在 2020 年抗疫行动和洪灾救援中，救灾协调会及其成员也通过协作网络从行业层面做出了努力，包括：对接国际实践，推动同行学习国际应对公共卫生危机的经验；通过行动简报促进组织之间的信息协同和资源互通；通过研讨会、分享会、问诊会、论坛等形式促进行业的反思和协同。在这个过程中，"立足社区·三社联动"在线抗疫模式、"4+1 线上异地救援模式"、"三师联动"等行动模式得到了充分讨论，"基金会+枢纽+伙伴"互助的行业救灾模式也得到了行业认可。

3. 积累行动经验，持续赋能社会力量

在新冠肺炎疫情之前，我国公益组织面对公共卫生危机的经验几乎空白，整个行业在应对疫情行动中积累了宝贵的经验。疫情缓和后，救灾协调会开始了行动复盘，一方面委托资助者圆桌论坛开展针对 CNC - COVID19 协作网络的专项评估，另一方面联合中国应急管理学会、北京师范大学风险治理创新研究中心对国内社会组织参与新冠肺炎疫情应对实

---

① 陈友华、詹国辉：《中国社会组织发展：现状、问题与抉择》，《新视野》2020 年第 5 期，第 75 页。

践、组织管理、组织间协作及组织需求等方面进行了评估，并完成了《社会组织抗击新冠肺炎疫情评估报告》。爱德基金会联合南京大学河仁社会慈善学院开展了专项调研，完成了《疫情背景下社会组织生存状态调查报告——功能、处境与前瞻》，以及时了解社会组织的生存状况及面临的突出问题，并在此基础上提出应对之策，进而向政府与全社会发出支持呼吁。为了提高中国社会组织在灾害风险管理、备灾和灾害应对等方面的综合能力，救灾协调会联合北京师范大学风险治理创新研究中心共同发起了"灾害应对和人道援助学习网络培训项目"，并于2021年1~12月，举办了两期培训，有54名相关领域的公益从业者参加，为社会组织有效应对灾害培养了一批生力军。

（二）基金会参与风险治理的反思

1. 推动更大层面的行业协同成为共识

在重大灾害面前，任何一个公益组织的力量都是微薄的，甚至可能因为信息不畅、经验欠缺、人力不足等因素造成效率低下，浪费公益资源。新冠肺炎疫情前期湖北省红十字会备受质疑也为行业救灾做了警示。腾讯公益基金会秘书长孙懿曾说过"大协同，小竞争，才是公益行业应有的生态"。[①]面对紧急情况，实现"内合外联"，才是公益组织的正确选择。行业协同，不仅要做好组织间的沟通（如基金会之间、基金会与枢纽机构或一线服务组织之间），还应加强信息协同以及资源协同。

2. 做好捐赠教育成为重点

对于国内的公众和企业来说，公益认知相对不充分。相比于能力建设或人员成本，人们似乎更倾向于物资类捐赠以快速获得"公益快感"。当然，灾害救援中的物资确实是紧缺的，公众的捐赠也是必要的。基金会之所以成为资源的中转站，就是因为其专业能力能够在灾区需求和社会捐赠之间做出

---

① 《"大协同，小竞争"，这才是公益行业应该有的生态》，中国青年志愿者网，2017年11月10日，http://www.zgzyz.org.cn/content/2017-11/10/content_16677801.htm，最后访问日期：2021年7月18日。

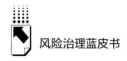
平衡。国外有学者运用报童模型比较了捐赠者完全指定、捐赠者完全不指定和捐赠者有条件指定等三种捐赠政策的适用范围和实施结果，研究发现公益组织在灾害响应行动中，增加非限定性捐赠可以提高公益组织的运营效率。国内的实践也证明，新冠肺炎疫情期间一线服务机构的行动经费不足限制了它们的行动。因此，如何调动捐赠人的积极性，引导他们更理性、更科学地参与到灾害治理中，基金会责无旁贷。

3."政府-社会-市场"多方协同成为挑战

多部门协同在灾害应急领域的重要性不言而喻。我国救灾模式具有强势政府主导的独特管理特征，"党委负责、政府主导"的资源配置方式也使得"中国特色抗疫模式"科学有效。在 2020 年度公益组织参与的救灾行动中，政社协同不足也是行业共识，这种不足体现在资助力度小、合作政府级别属地化、沟通方式单一等多方面。要做到理想状态的协同，挑战还有很多。社会组织与政府部门及市场部门之间的了解是不足的，第三部门的独特价值还并未被其他部门所熟识。基金会可着力促进几方的相互了解，在此基础上，社会组织才能获得相应的信任，并逐渐从个体信任到群体信任及制度信任，从而形成救灾领域的多方有效协同，充分发挥社会力量和市场机制在灾害救援中的积极作用。

参考文献

黄红生：《论中国特色的抗疫模式》，《广东省社会主义学院学报》2020 年第 4 期。

刘德海：《中国强势政府主导救灾模式的成功经验与新挑战》，《电子科技大学学报》（社会科学版）2018 年第 5 期。

李悟：《合法性、专业性与风险性：灾害合作治理中的多重逻辑——一个政社合作的经验研究》，《中国应急救援》2019 年第 6 期。

夏志强：《公共危机治理多元主体的功能耦合机制探析》，《中国行政管理》2009 年第 5 期。

谢晶：《应急治理体系下公益协同体构建探析——以新冠肺炎疫情公益为例》，《阴山学刊》（社会科学版）2020 年第 2 期。

徐家良：《疫情防控中社会组织的优势与作用——以北京市社会组织为例》，《人民论坛》2020 年第 23 期。

张志鹏、张伟：《完善社会协同的公共卫生治理体系》，《南京工程学院学报》（社会科学版）2020 年第 1 期。

B.8

专业志愿服务在风险治理中的实践

——以"iwill 志愿者联合行动"为例

朱晓红　翟　雁[*]

摘　要： "iwill 志愿者联合行动"是 2020 年 1 月 23 日由政、社、研三方
专业人士联合发起的抗击新型冠状病毒肺炎疫情（下文简称
"新冠肺炎疫情"）的专业志愿者救援行动，通过不断完善迭
代、自我复制和推广，取得显著社会效益。iwill 作为一个应急性
跨界联合行动，运用社会组织即兴参与社群志愿服务，专业化建
制志愿者管理系统，配合政府应急管理部门有效开展社会动员，
为疫区群众和在地社会组织实施社会心理救援与专业赋能，建构
了"三师三线三群"参与模式，在疫情防控不同阶段中形成了
政社研合作关系及互动机制，探索并推广了专业志愿者参与风险
治理的新机制。

关键词： 风险治理　专业志愿　社会组织　社群志愿服务　新冠肺炎疫情

　　2020 年新冠肺炎疫情作为重大公共卫生事件严重威胁人民生命健康与
经济社会发展。习近平总书记指出："这次新冠肺炎疫情，是新中国成立以
来在我国发生的传播速度最快、感染范围最广、防控难度最大的一次重大突

---

　　* 朱晓红，华北电力大学人文学院教授，华北电力大学社会企业研究中心主任，研究方向为
社会组织与社会治理、社会企业；翟雁，北京博能志愿公益基金会理事长、北京市社会心
理工作联合会副会长、北京市志愿服务联合会常务理事，研究方向为志愿服务行动研究与
能力建设。

发公共卫生事件。"① 在应对此次突发性公共卫生危机事件过程中，北京博能志愿公益基金会联合北京市社会心理工作联合会、北京惠泽人公益发展中心、中国社会科学院公共政策研究专家等中国志愿服务资深人士，在1月23日武汉封城日当天紧急启动"iwill 志愿者联合行动"，旨在组织动员医疗健康、社会心理、社会工作、信息与企业管理、公共政策和法律等专业志愿者，有效参与疫情紧急救援与防控工作，展现了志愿服务在突发公共卫生事件中的积极作为，为志愿者及志愿服务组织参与风险治理提供了卓有成效的样本和示范。

一 疫情突发：在武汉封城第一时间发起"iwill 志愿者联合行动"

2020年1月23日，湖北省武汉市新型冠状病毒感染疫情防控指挥部宣布全市城市公共交通暂停运营，关闭所有离汉通道。武汉全城乃至全国面临重重危机，"iwill 志愿者"在第一时间紧急响应并发挥重要作用，积极应对重大挑战。

（一）应对新冠肺炎疫情危机需要专业志愿服务参与

疫情突袭而至，涉及面广，持续时间长，抗击难度大，给社会带来巨大考验，需要专业志愿服务的参与。

1. 原有社会组织运作模式难以有效回应疫情防控需要

一是无论是武汉还是其他地区，原有的社会组织体系以及志愿服务运作模式，被隔离政策、小区封闭政策等抗疫措施所阻断；二是疫情防控的专业化程度要求高，普通的社工和志愿者已经无法满足社区的多元化复杂化的需

---

① 《习近平在统筹推进新冠肺炎疫情防控和经济社会发展工作部署会议上强调 毫不放松抓紧抓实抓细防控工作 统筹做好经济社会发展各项工作》，2020年2月24日，https：//baijiahao.baidu.com/o？id=1659373274695318343&wtr=spider&for=pc，最后访问日期：2022年5月18日。

求；三是社会组织普遍缺少应急响应制度，恰逢春节长假，各机构难以运营。

2. 应对疫情危机呼唤专业志愿服务

疫情危机挑战我国风险治理能力，仅靠政府和医疗专业机构无法应对复杂的抗疫情势，无法满足不同人群的多样化需求，需要政府、社会包括志愿者以及其他主体形成合力，协同应对疫情危机。由病毒引发的公共卫生领域疫情危机，无论是患者救助、心理救援，还是防止扩散、病毒消杀等任务，都是传统志愿服务所无法覆盖的，需要专业志愿理念和专业志愿者介入，且需要构建政社研有机协同的专业志愿关系。而疫情突发之际，尚无可以借鉴的经验和模式。因此，瞄准受新冠肺炎疫情影响的社区开展专业志愿者支持性救援行动，为抗疫前线的社区、志愿服务组织和志愿者提供专业培训与管理体系保障、组织运营技术支持、对接相关领域专家志愿者智库和社会资源，搭建社会力量参与社会公共危机事件的平台机制，运用信息化技术为公共管理提供专业建议和解决方案，就成为"iwill 志愿者联合行动"的使命。

（二）在封城第一时间发起"iwill 志愿者联合行动"①

该联合行动旨在为疫区前线社会组织和志愿者提供专业志愿援助，即支持一线志愿者更加专业而有效地参与公共卫生健康应急服务，从而有效整合资源、发挥专业优势，为疫区受灾民众提供在线咨询辅导，帮助他们渡过难关，同时研发志愿者有序有效参与公共突发事件的社会治理创新机制。

1. 封城前的关切与志愿者的专业敏锐度

1 月 20 日，钟南山院士明确提出新冠肺炎病毒存在"人传人"，武汉疫

---

① "iwill"即"我志愿"，是"Pro Bono, I will!"即"专业志愿，我乐意！"的简写，是中国专业志愿服务的标志，是各界专业人员以自己的专业知识提供志愿服务的一个民间平台。"iwill"品牌自 2015 年 11 月在北京举办的第二届亚洲专业志愿服务峰会上首次发布以来，已经通过全球专业志愿联盟（GPBN）、亚洲公益创投网络（AVPN）和联合国志愿人员组织（UNV）等在全球范围产生了一定影响，并于 2017 年初注册商标。在 2020 年中国新冠肺炎疫情抗击行动中，以"iwill"为平台，汇聚了 2000 多名专业志愿者为受疫情影响的人群通过线上无偿提供专业志愿服务。

情受到社会广泛关注。此前，一直密切关注武汉疫情形势的北京博能志愿公益基金会理事长翟雁，经历过 2003 年抗击"非典"志愿服务的她意识到可能到来的疫情危机，便加紧与湖北志愿者沟通，筹划联合当地志愿者共同参与疫情防控工作，帮助武汉渡过危机。医学科班出身并有过十多年临床医疗和社会心理工作经验，长期致力于中国专业志愿服务行动研究与实践推动的翟雁，以其专业敏锐度认识到，疫情下的救援不是普通的志愿者能够随意参与的，需要依靠政府和社会专业力量上下协作才能防止疫情进一步蔓延、保障人民的生活与生命健康。

2. 在封城第一时间发布"iwill 志愿者联合行动"倡议

基于专业判断和职业敏感，翟雁在 1 月 18～22 日，积极联系京、鄂两地的公益伙伴和朋友，包括政府、社会组织、学者和专业人士等，筹划发起志愿者联合行动。

（1）联系公益伙伴

在许多公益群里，大家开始关注并讨论武汉疫情以及如何参与，当翟雁提出开展志愿者联合行动建议时，一些公益伙伴纷纷加入。1 月 22 日翟雁成立了第一个志愿者联合行动工作群，与湖北省荆门义工联秘书长严昌筠合作，邀请 20 多名京、鄂两地资深志愿者加入。

（2）联系专家学者和研究人员

1 月 22 日当天，中国社科院社会政策研究专家杨团研究员、北京大学法学院金锦萍副教授、卓明灾害信息服务中心郝楠等专家学者也加入社群，提出专业意见并迅速展开武汉疫情调研和研判，联合行动指挥部雏形渐成，共同商讨和策划联合发起援助武汉的志愿行动。

（3）联系政府有关部门

1 月 22 日联合行动工作群的京鄂志愿者多方联系相关政府部门和应急指挥部，问询和建议志愿者参与抗疫行动，但是由于当时疫情紧急，各级政府忙于应急管理而无暇顾及社会参与，为防控疫情实施严防死守策略，不许外人介入或人员流动，因此，联合行动小组并未在第一时间得到有关部门的回应。

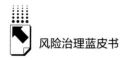

（4）联系北京市社会心理工作联合会

工作群调研发现武汉当地居民已经陷入就医难和社会恐慌中，此时急需社会心理救援。1月22日晚上23：00，翟雁向北京社会心理联合会（简称"社心联"）① 会长张青之请示，希望调动北京市社会心理工作者驰援武汉。张会长及时回应并授权时任社心联理事的翟雁指挥志愿者联合行动。

1月23日凌晨2：00武汉正式宣布封城，凌晨2：20，由北京博能志愿公益基金会（下文简称博能基金会）联合北京市社会心理工作联合会、北京惠泽人公益发展中心、卓明灾害信息服务中心和相关专家学者，以及湖北省资深志愿者等共同发起的"iwill京鄂志愿者联合行动"正式启动。

3.确定"iwill志愿者联合行动"计划

联合行动初始即确定了行动方向和原则：基于互联网在线服务于武汉受疫情影响的居民和从事抗疫的志愿者，重点聚焦于援助社区抗疫和社会心理救援。可以说，正是病毒人传人的特性，迫使志愿者在线的无接触救援行动成为生命健康救援的重要路径。② 当时政府、企业和社会各界在积极筹措抗疫物资，iwill联合行动明确不参与物资救援，而是将有限的人力资源集中于生命健康和社会心理救援，并为在地志愿者和社会组织进行后援赋能。

联合行动发起初期，对于具体做些什么，如何操作，如何跨地区、跨界、多方联合协作的思路并不清晰，联合行动的组织架构与运作模式也还在探索中。1月23日在紧急启动"iwill志愿者联合行动"的同时，也启动招募志愿者、联合各界机构、一线需求评估、对接需求、探索联合行动运作模式和在线志愿者管理等多重不同任务。当天北京君心善行心理咨询服务中

---

① 北京市社会心理联合会，是在北京市社工委市民政局领导下的首都社会心理工作枢纽型社会组织，其工作宗旨是有效执行市委、市政府的指示精神，建立全市社会心理工作体系，开展相关理论和政策研究、制定行业标准和开展专业人才队伍建设。官网：https：//www.bjsxl.net/。

② 杨团：《团结的力量：专业志愿者自组织的崛起与未来》，北京惠泽人公益发展中心微信公众号，2020年4月26日，最后访问时间：2021年5月25日。

心、北京奇点公益信息技术服务中心等公益机构纷纷加入联合行动，并立即参与到志愿者管理与技术支持工作中；在线招募具有医师、心理师、社工师、律师、护师、健康师和项目经理等专业背景的京、鄂两地联合抗疫专业志愿者，当天就有 500 多名来自全国各地的专业人士报名。伴随着志愿者报名人数越来越多，各界机构纷纷加入，联合行动管理压力陡增。首先是没有充足的志愿者服务岗位，因为疫情现状、与武汉的沟通、政府的举措等都是不确定的，社区需求剧增并处于不断快速变化中，联合行动从哪项具体的工作切入，最初并不清晰。其次是管理协调工作巨大。参与的人员较多，多机构多部门协调，大大增加了信息沟通的成本。同时还要不断进行志愿者招募、筛选、签署协议、岗位培训等志愿者管理工作。博能基金会秘书处是联合行动指挥部中台，当时的秘书长刘静，协助联合行动总指挥翟雁繁重的协调与指挥工作。她最初在 1 月 22 日接到了起草联合行动策划书的任务时，"坦白讲，当时还有点晕，随之进入了一段焦灼的时光，因为模块太多，很多具体的工作，以及志愿者筛选和培训，每天晚上进行工作复盘常常开会到深夜，这样夜以继日持续了一周左右。"

二　疫情扩散：因应需求构建风险治理的志愿服务参与模式

（一）基于科学调研的需求分析

iwill 联合行动工作组通过疫区当地的公益伙伴介绍情况、进入武汉当地居民群观察和问询、网络信息收集等途径进行调研，发现需要回应来自不同主体的需求。

1. 社区需求

（1）防疫物资与生活日用品需求

武汉封城初期，防疫物资需求量激增，又值春节假期，工厂生产短暂停滞，而且由于物资配送和分配效率不高，防疫相关物资紧缺。一方面是医院

防护物资供给不足，医护人员缺少足够的防护服、防护镜等，且药品、检测试剂、呼吸机等不能满足患者治疗需求；另一方面，社区居民没有足够的口罩、消毒水等防疫物资，社区工作人员所需的防护服等防护物资也面临短缺。

此外，由于社区封闭管理，居民居家隔离，商场、小店、超市等营业受限，居民日常生活必需品、普通药物、幼儿奶粉等物资购买存在一定困难，需为他们链接生活物资，以维持基本生活需求。

（2）新冠肺炎诊疗与其他疾病救治需求

武汉市"居家隔离"政策推出后，社区医疗防疫资源和防疫能力未匹配，防控措施不当，反而加重家庭内部交叉传染，导致疫情迅速扩散①，一方面新冠肺炎病人增加，医院床位紧张，医护人员和医疗设备不足，收治能力有限，同时其他疾病患者存在就诊需求，如尿毒症和癌症患者的定期就医治疗、孕期产检乃至生产需要到医院就诊等等，因此，需要链接医院、床位、医护人员，以满足不同患者就医的需求。

（3）心理救援与疏导需求

疫区群众首次经历封城，面对疫情和生命健康受到威胁，心存恐慌，出现失眠、食欲不振等症状，容易暴躁、焦虑、伤感。需要购买一些生活必需品或基础性药物时不知如何安全获取；身体不舒服时不知该向谁咨询、如何治疗；看到网上铺天盖地的疫情资讯，心理焦虑进一步加剧，这些因居家隔离产生的一系列问题都迫切需要得到解决，而新冠肺炎患者及其家属是最需要医疗和心理救援的群体。

（4）疫情防控知识和政策普及需求

疫情初期，居民不了解疫情防护和治疗相关知识，社区消杀没有操作规范。如很多地方出现过度消杀的现象，不正确的消杀会导致防疫物资浪费，而且还造成环境污染，甚至造成人身伤害。此外，网上各种讯息难辨真伪，

---

① 《决战武汉：有了全面、明晰的抗疫策略》，新民周刊网站，2020年2月19日，http：//www.xinminweekly.com.cn/fengmian/2020/02/19/13747.html，最后访问日期：2021年5月25日。

需要筛选资讯、普及防疫安全知识和防控政策。

经过需求调研，联合行动工作组聚焦于社区抗疫和居家隔离群众的救援，这就需要开发和建立针对社区居民、社区工作者、辖区单位从业人员的，基于微信群交流的、本地化线下与线上的社会支持体系以回应社区需求。

2. 志愿者需求

（1）志愿者管理与服务岗位匹配需求

受疫情的传染性和社区防疫措施的影响，疫情初期当地志愿者资源存在一定的混乱和无序状态；外地志愿者无法到达疫情现场提供直接服务与支持，也很难解决服务供需匹配问题。需要哪些类型的专业志愿者，如何招募、如何匹配服务岗位、如何管理和运营？既要快速回应武汉社区需求，也要符合志愿者的现实情况和专业要求，这是 iwill 志愿者联合行动核心管理团队所面临的首要需求。

（2）志愿者在线服务能力建设需求

本次志愿者联合行动从发起之日起就定位于社会心理专业志愿服务，但是，传统的社会心理急救模式是"第一时间、第一现场、第一陪伴"，用生命和专业技术支持服务对象，或者培训和指导社会心理救援志愿者。此次疫情救援无法采用上述模式，只能通过在线形式提供志愿服务，因此，需要指导专业志愿者如何以专业特长参与疫情防控、服务疫区民众，如何在缺少面对面情感交流和信息不对称情况下与服务对象沟通，如何应用在线技术进行微信群管理并开展相关工作。此外，许多专业人士是首次参与志愿服务，对志愿服务的基本理念和原则缺乏认知，存在不遵守联合行动管理要求的现象，这些新情况都考验志愿者的管理协调与专业服务能力。

（3）志愿者人身安全保障与心理疏导需求

志愿者本身的人身安全，特别是在疫区从事线下服务志愿者的人身安全保障需求，以及众多志愿者面对未知工作的紧张焦虑和自身心理疏导需求，也是不容忽略的。

3. 政府需求

（1）动员和整合社会资源的需求

如前所述，在特定时间和资源的限制下，存在疫情防控的薄弱环节。政府需要动员和整合各界抗疫力量有序规范地投入疫情防控中，同时也需要其他主体特别是专业志愿者的参与，"帮忙而不添乱"。在资源配置方面，既需要社会力量捐赠物资，也需要社会力量参与资源的匹配对接过程。

（2）满足疫情防控的差异化需求

政府负责疫情防控的主战场，满足社会民众普遍的和基本的需求，对于其他个性化、差异化的需求，需要专业志愿者的参与、协同与服务。

（3）政策及标准或规范创制的需求

控制疫情扩散，就要确保疫情防控从政府到民众，上下统一有序进行，需要及时出台相关政策及标准或规范，特别是社区疫情防控和公众自我防护方面，需要自下而上的政策研究专家深度介入。

中国社会科学院社会学研究所研究员杨团，承担着 iwill 志愿者联合行动的疫情研判与政策建议工作，她在 1 月 23 日首先提出联合行动的救援战场就在社区，服务对象包括两个层面，一是社区工作者和参与抗疫的志愿者，二是受疫情影响严重的居民。杨团后来回忆："当知道武汉社区工作人员没有任何防护措施走家串户，多人感染，医院几乎瘫痪，人们大量居家隔离、心理恐慌，作为社会政策学者，我就意识到武汉防控的关键在社区。社区是医院的上游，上游发洪水，下游就会被冲垮。于是，我立即指导武汉逸飞社工中心负责人陈兰兰组织微信群调查居家隔离情况。结果兰兰拉的群很快就从十几、二十几个人猛增到几百人，调研群变成了居家隔离指导群。"[①] 而社区服务，恰恰是志愿者可以触及，同时也是政府暂时无暇顾及的领域。在科学调研基础上，联合行动确立了行动目标和专业志愿关系构建模型，同时根据一线调研信息进行科学分析，及时编写社区抗疫简报，向有关政府部门提出可操作性政策建议。

---

① 杨团：《团结的力量：专业志愿者自组织的崛起与未来》，北京惠泽人公益发展中心微信公众号，2020 年 4 月 26 日，最后访问时间：2021 年 5 月 25 日。

（二）风险治理的志愿服务参与模式初建

上述来自不同主体的复杂化、个性化需求，依靠原有的组织体制和模式无法满足，或者服务效率低下。为了打赢这场疫情防控的人民战争、总体战、阻击战，为了形成全面动员、全面部署、全面加强疫情防控工作的局面，需要以专业志愿者和专业志愿服务为核心，打造专业志愿参与风险治理有效模式。

1. 志愿者联合行动目标精准定位

iwill 志愿者联合行动依据社区、志愿者、政府的疫情防控需求，把服务目标确定为：为湖北提供专业志愿者资源和技术支持，以及能力建设和组织发展，形成社会专业力量参与社会治理新机制，由京鄂两地共同开发出以社区需求为中心、以专业志愿者（医生、心理咨询师、社会工作师）整建制供给为基础，以线上大、中、小三群联动，支持线下社区系统功能的新型社区防疫体系。同时搭建服务平台：在京鄂之间，应用互联网在线平台和工具软件，运用政府与社会组织，基于京、鄂两地联合行动的联席会制度，为两地供需对接提供制度和技术保障。

1 月 27 日，北京社心联"iwill 心理援助热线"启动。1 月 28 日，武汉地区居民驻群服务正式开启。行动框架立足于 iwill 线上专业志愿者与武汉社区之间建立起来伙伴关系，采用三师、三群联动在线服务形式，兼顾年龄、性别和生活需求的多样性等考虑因素，通过支持居民与社区工作人员进而服务疫情期间的特殊需求。

2. 党建引领提供专业志愿服务

第一，党建引领，回应政府需求。民间独立自发参与疫情防控的过程中，始终积极响应党和政府的号召，回应有关部门的职能需求，寻找合作和支持的机会。同时其也在志愿服务中充分发挥党建的作用。例如，湖北仙桃城区居民服务群专家、山东渤海平正律师事务所志愿者范海龙作为班长，在线工作时间 1 个多月，创建小群开展服务的个案 40 多例。在疫情初期，感到焦虑、恐慌的居民数量很多，相应的工作流程是：先由当地社工邀居民进

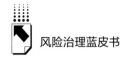

群，大部分有看病的需要，医师先接案，而心理咨询师观察居民问医、问诊、问药的情绪和行为，做好引导。平复情绪以后，由当地社工联系当地的志愿者进行对接。范班长小组 5 位组员中有 4 名党员，经商议在小组内组建了临时党支部。面对第一周群服务工作秩序比较混乱的情况，临时党支部统一了口号和报道口径，为其他小组做出示范。这种模式受到北京社心联和其他志愿者的认可和赞赏，并推广到其他服务群中。

第二，以专业志愿服务灵活参与疫情防控。专业志愿服务，具有公益性、无偿性特征，同时，基于社会力量，能够切实有效解决应急救援中的专业问题。一方面，疫情防控专业化要求高，无论是病毒消杀还是疾病救治、心理疏导，因此，志愿服务联合行动逐步明确了社工师、医师和心理咨询师为主体的一线专业志愿者，专业志愿服务管理者团队的二线志愿者，以及作为联合行动智库和指挥者的三线志愿者。另一方面，志愿者独立自发地参与疫情防控工作，既有以个人名义加入志愿服务团队的志愿者，也有以组织身份整建制参与的志愿者团队。如，从 2020 年 1 月 28 日起，北京君心善行心理咨询服务中心所有员工都参与到 iwill 志愿者联合行动中，他们负责对所有志愿者进行"一对一"信息审核，为每位志愿者分配工作及安排工作时间，加入武汉、仙桃地区的隔离居民的微信群中，以线上的方式为居民们进行防疫科普、心理疏导与心理应激干预，开展科普讲座。经过 4 个多月的整建制形式的志愿服务，作为所有志愿者的总后勤中的一员，每名员工均权责明晰、服务精准。

3. 构建政社研合作行动架构

专业志愿服务以及对专业志愿服务进行管理，要求政社研实现良性互动与合作。在 iwill 志愿者联合行动过程中，政府谨慎观察和评估这一抗疫力量，看到了志愿者行动网络的灵活性、回应力和高效率，开始积极与 iwill 志愿者联合行动发起方进行对接合作。北京市民政局派遣相关工作部门干部进驻 iwill 志愿者联合行动管理团队，积极参与管理运营并整合相关资源。湖北省民政厅、省科协、省慈善总会和省社工联等党政机构、事业单位、社会组织与联合行动湖北公益伙伴组开展合作并给予其一定支持。上述机构在联合行动中负责资源对接与线下统筹工作，并不断复制和推广志愿者联合行动。

志愿者联合行动中，政府为社会组织进入社区提供政府权威和公信力支持，社会组织为社区服务提供专业力量和社会支持。党政机构从政策引领、方向把控和资源配置等方面对本次联合行动给予了巨大鼓励与支持，社会组织则通过政策倡导、社会动员、提供服务等形式弥补政府在重大公共卫生事件中的不足，助推了全国上下疫情防控阻击工作的顺利开展。此外，本次联合行动的特色之一是研究机构和专家的参与。由于本次疫情防控没有现成的经验模式可以借鉴，需要在实践中不断探索总结，以杨团研究员为代表的诸多研究者提供智力支持，并把研究者的智慧以最快的速度，通过最短的路径转化为行动力，转化为产出，获得社会效益。

疫情防控初期，联合行动就初步建立了政研社合作的组织架构，纵向上包括指挥部和各功能服务组，全部以志愿者身份参与抗疫。总指挥部作为联合行动的政研社协作中枢，由北京社心联张青之会长总负责全面的指挥和控制，并直接向北京市政府相关部门汇报。专家组由中国社科院研究员杨团等为核心的公共政策专家团队和22名资深且经验丰富的心理咨询专家组成，专家们不仅亲自为一线疫区提供专业服务，而且也把在开展志愿服务工作中发现的问题，形成报告提交给政府相关部门参考。行动执行总指挥由北京博能志愿公益基金会理事长翟雁担任，副总指挥由北京市社会心理服务促进中心副主任张胸宽担任，统一计划、组织、协调和指导。

社区服务组负责构建当地合作网络，联系当地社会组织，搜集需求信息和基础数据并确定相应服务内容与方式，匹配社会资源。技术组负责行动中所需的各种技术和使用工具支持。培训组负责志愿者入职培训和对疫区社会组织、志愿者团队进行抗疫培训，并开发志愿者抗疫手册。媒体传播组和合作伙伴组负责行动的对外宣传，为抗疫志愿者发声，筹集和链接更多的社会资源共同抗疫。项目管理组负责项目运营环节中的组织和协调以及志愿者管理（见图1）。

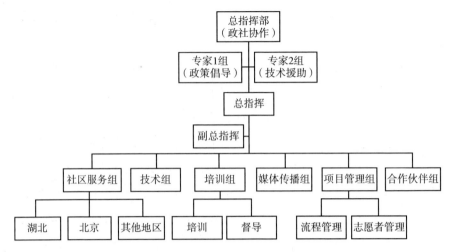

图 1　京鄂 iwill 志愿者联合行动组织架构

4. "三师三线三群联动"模式探索

由于危机突发，参与志愿者人数多，且跨部门、跨行业、跨地域；同时由于没有可以参考的经验，志愿者参与抗疫的模式、体系、工作方法处于摸索阶段，项目团队从成立到 2 月 1 日的第一周的抗疫行动，"好像打乱仗一样"。最开始项目团队持续招募、面试服务志愿者，要么发现前来应征的志愿者不合适，要么志愿者感觉自己在本项目中找不到位置而离开，志愿者不稳定，管理团队经常就抗疫服务中出现的各种问题争论不休，这时项目负责人果断招募了一批管理志愿者。2 月 1 日成功招募的项目管理专家志愿者宗思语，对 iwill 项目团队及管理做了扎实调研，访谈了 iwill 志愿者联合行动的主要管理人员和志愿者，设计出了服务流程图，形成了一线工作人员二线管理的框架，又用了两周的时间，逐渐梳理出项目管理的组织架构、人员的岗位职责和相应的详细业务流程（见图 2）。

宗思语梳理设计了服务流程图之后，利用 iwill 管理团队每天复盘的机会，与团队密切沟通，分析各自的工作情况和需求。在管理团队和专家志愿者们的共同努力之下，京鄂志愿者联合行动日益专业化、规范化，志愿服务效率大大提升，最终构建了志愿者参与抗疫的"三师三线三群联动"模式。

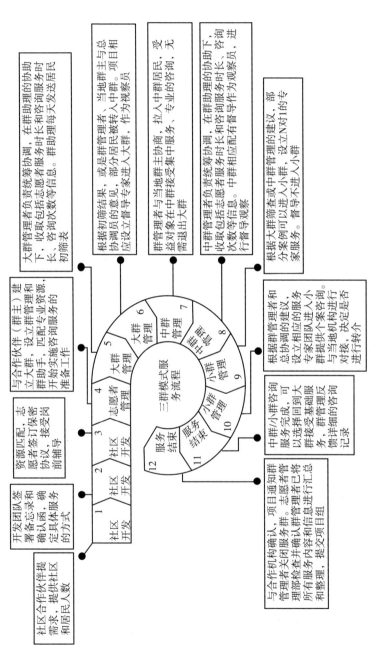

图 2 重大突发公共卫生事件下三群联动线上志愿服务模式流程

资料来源：中华女子学院《社会力量参与重大公共卫生事件的行动策略报告》（内部报告），2020 年 6 月。

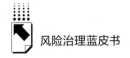
　　"三师三线三群联动"是指社工师、医师、心理咨询师等多种专业志愿者基于不同分工，围绕疫情防控目标，通过组建三级微信群形成的抗疫第一线、第二线及第三线的志愿服务社群，通过集群化联动，为在地志愿者和社区提供专业志愿服务的模式。

　　"三师"以社工师、医师、心理咨询师为主，同时包括律师和教师等参与抗疫行动的专业志愿者。

　　"三线"是对志愿者的层级与功能的区分，具体如下。

　　一线志愿者是直接服务疫区困难群体的专业志愿者，是以社工师、医师、心理咨询师为主，也吸纳了律师和教师等，他们提供咨询、辅导、陪伴等社会支持服务。

　　二线志愿者是服务于一线志愿者的管理型志愿者，主要是社群管理者、项目经理、志愿者管理者、培训师、督导师、互联网 IT 技师、行政管理与财务管理者、品牌传播和宣传人员等，他们构成建制化志愿服务运营平台，支持一线志愿者实现最大化服务效益。二线志愿者有效整合各方资源，建立抗疫专业志愿者数据库进行统一管理，专业志愿者历经报名、待命、筛选、培训、上岗、转岗等不同阶段，每个阶段都有管理、督导、反馈和不断改进，这有效提升了志愿者的服务水平。

　　三线志愿者是服务于整体行动的智库和指挥部，主要是由相关领域和专业的党政机关领导和干部、专家学者、社会工作领袖和资助方等组成，他们对疫情进行实时研判，深入调研和整合社会资源，做出战略决策，指挥并监督联合行动，确保志愿行动的公信力和社会影响力。

　　以上三层的志愿者服务管理全流程，由北京惠泽人公益发展中心提供支持与执行，支撑 iwill 三线志愿者联动的运营管理体系。

　　"三群"，即"社（社工）、医（医护）、心（心理）"三位一体的"三群联动"在线专业志愿服务模式，是在新冠肺炎疫情背景下通过组建三级微信群来为社区有需要的居民提供服务的线上工作模式。这是对服务对象的精准细分与管理，在充分动员社区现有资源的基础上组建志愿服务团队，面向社区居民建立大群（广泛触达社区居民）、中群（针对疑似病患、心理异常人群）、小群（负责一对一的个案辅导与医疗服务转介）三级线上互动平台，志愿者进驻微信群开展信息收集、患者筛查、心理知识科普、防疫知识讲座、情绪疏导、心理应激干预等服务。大群面向社区内的所有人群，由当地行动发起人组建，志愿者团队安排人员在线协助管理，主要服务内容是为群成员提供基本的咨询服务，并开展心理状况初筛，如有需要则进行分诊。中群主要针对疑似病患、居家隔离者及其家属，及经大群初筛发现的出现心理问题的人员等。中群由志愿者团队组建，主要服务内容是为群成员提供心理咨询、医学咨询等。小群主要服务于发病的或重度疑似患者、有特殊咨询需求的人员等。小群成员一般为3人，包括个案服务对象、心理咨询师、社会工作师，主要提供一对一个案辅导与医疗服务转介服务。

综上，"三师三线三群联动"模式，通过对志愿者的专业化和层级化管理，形成项目的网络架构，聚焦受益对象实现了点面结合的线上精准服务（见表1）。

表1 "三师三线三群联动"模式一览

名称	内涵	本质	服务模式	价值
三师	社工师、医师、心理咨询师等（含律师和教师等专业志愿者）	志愿者的专业划分	对志愿者的分类管理	发挥专业志愿服务功能
三线	一线志愿者、二线志愿者、三线志愿者	志愿服务职能层级划分	对志愿者的分层管理	聚焦抗疫志愿者的有效管理
三群	三种微信群的互动平台：面向社区居民建立微信大群（广泛触达社区居民）、中群（针对聚焦的疑似病患、有心理咨询需求的相关人群）、小群（一对一的个案辅导与医疗服务转介）	对受益对象的细分	不同微信群功能明确的线上工作模式	以受益对象为中心的点面结合的精准服务

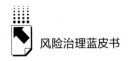

三　疫情控制：风险治理的志愿服务参与
模式复制与推广

（一）专业志愿服务模式的迭代

1. 从专业志愿项目到专业志愿服务机制

从最开始的行动倡议，到专业志愿服务项目开展，志愿者在实践中不断思考探索，项目模式不断迭代。由于有研究者的参与，iwill 志愿者联合行动的核心团队始终关注项目的顶层设计和系统建构，实现了专业志愿者参与风险治理模式的不断迭代。从 1 月 22 日酝酿、23 日开启武汉应急救援中摸索开发"三师社群联动"方式，到 2 月初完成 iwill 平台的"三线志愿者联动"模式，并于行动中快速迭代和完善成为"三师三线三群"志愿者联动模式，模式不是固定不变的，其在具体场景下不断自我创新和突破。翟雁说，应急救援志愿服务项目模式两周之内可以迭代 7~8 次，每一个参与者都是创新模式的贡献者。

2. 从志愿服务到中台管理

在服务模式迭代过程中，最具有创新价值的是中台管理机制。因为疫情下居民有共性需求，同时需求又具有灵活多变性，为避免重复开发和学习专业管理与服务工具，iwill 行动项目因此建立中台系统①，以实现对专业志愿服务的专业管理与统筹。项目中台系统主要由二线志愿者组成管理团队，约200 人，由副总指挥带领四个部门组成，包括社区工作组、培训工作组、传播工作组、志愿者工作组，主要职责是协助总指挥进行内部人员、资源等协调工作，及时总结经验，进行后期规划。

中台管理的存在与发展，使得 iwill 志愿者联合行动形成了一线服务—

---

① iwill 中台系统，是一个敏捷、易扩展的专业志愿项目赋能平台，回应多样化社会需求而灵活应对业务的变化结构，在平台上会不断（低成本）生长出各种志愿服务业务，同时避免功能重复建设，为公益组织和志愿者赋能并提供项目运营流程基本工具与数据分析。

二线管理—三线研究与倡导的组织架构演进，最终形成了统一的运营管理团队和行动方案（如基于 iwill 平台的管理规范、流程工具、知识手册、应用贴士等）。打破了传统科层制管理模式的中台管理，在没有也无法通过预先科学论证与缜密思考来设定具体目标、行动任务、职能范围和岗位匹配，无法预先制定行为规范的新冠肺炎疫情防控中，是应对风险社会中不确定性的最灵活最有效、自我成长最迅速的组织即兴模式。

3.从志愿者赋能到组织能力建设

对一线志愿者的倡导、培训、赋能与支持为此次行动的顺利开展奠定了重要的人力资源基础。iwill 志愿者联合行动完成 iwill 志愿者培训手册的编写和 30 节线上志愿者培训课程的开发，通过在线平台提供全网培训、专家咨询、交流互动、工作督导与教练、社群与网络建设。联合行动过程中与合作伙伴共开展了 103 次线上志愿者培训，受益人数约 18 万人次，培训课时210 小时。博能基金会李静表示，iwill 京鄂志愿者联合行动是有期限的。一般而言，每个社群存在时间为 2~4 周不等，激发在地志愿服务潜能，培训当地志愿者，并在孵化当地志愿服务组织后，果断撤离。

为一线志愿者开展服务支持与赋能援助的同时，一线志愿者在共同开展专业化服务的配合交流过程中也逐步形成了自身的服务支持网络，从而实现了自我成长、在地志愿服务组织培育与能力提升。

（二）专业志愿参与风险治理模式的复制

京鄂联合抗疫行动中所形成的成功经验，成功转化为常态化机制，实现自我复制与延伸服务，让更多的专业志愿者有效参与风险治理。

1.自我复制

京鄂联合抗疫行动期间，北京也面临严峻的抗疫任务；3 月份，全球疫情告急，海外援助需求量大。此时，杨团率先提出："翟雁，每一次的复制都是你们要学习的过程，要在前面的那一版的基础之上，不断地去迭代和完善。"在专家的指导下，iwill 管理团队不断学习，不断精进，根据各地情况不断研判和修订志愿服务模式。iwill 志愿者联合行动复制并升级了京鄂联合行动模式，服务北京乃至海外抗疫战场。3月11日在世界卫生组织宣布"新冠肺炎全球大流行"时，iwill立即启动海外支持项目，将该模式完整复制以支持海外4个洲的10个国家和地区的华人华侨和留学生。4月22日黑龙江复制三师三线模式取得预期成效。到2020年6月底，iwill前后经历了6轮抗疫志愿服务（见表2），也经历了6轮自我复制及优化、迭代，使得志愿服务参与风险治理成为一个循环式的志愿服务行动研究议题。

表2　iwill志愿者联合行动的自我复制（截至2020年6月）

启动时间	项目名称	服务地区
1月23日	iwill京鄂志愿者联合行动	湖北
2月1日	"北京iwill社区心理抗疫行动"	北京
3月11日	iwill与中国青年志愿者协会秘书处共同发起"iwill志愿者联合行动海外支援项目"	海外（含留学生）
4月22日	"iwill黑龙江志愿者志愿项目"	黑龙江
5月19日	吉林舒兰"iwill吉林志愿者支援项目"，在当地有关部门指导下，支持在地社会组织复制在线专业志愿服务以及联合行动建制化赋能	吉林
6月11日	北京新发地疫情"回马枪"，iwill第六次启动	北京

iwill京鄂志愿者联合行动模式打造了一支专业、高效的志愿者联合队伍，为今后多元社会力量的联合提供了可供借鉴的行动框架与模式。iwill志愿者联合行动在行动中研发的"三师三线三群"志愿者联动与精准对接需求的专业志愿服务模式，成为组织即兴快速响应紧急救援的最佳实践。

2. 延伸复制

iwill志愿者联合行动也成为示范样本，为之后的三亚、北京和地区专业志愿服务提供了可供推广和复制的经验。

2月下旬到3月上旬，京鄂志愿者联合行动的官方总指挥、北京市民政局副局级巡视员张青之带队，民政局的处科级干部、直属事业单位负责人等

20多人加入iwill二线工作群。张青之是以专业志愿者身份参加所有活动，他要求党政干部到iwill群里观摩学习。后来，这批干部将iwill的理念、做法、工具包大量应用于北京市的抗疫工作。① 西安培华学院女子学院副院长班理学习了iwill志愿者联合行动模式并在西安成功复制。可以说，每个志愿者都可能成为这个专业志愿服务模式的火种。

（三）专业志愿服务参与风险治理模式的常态化

1. 经验总结

iwill志愿者联合行动所呈现的活动，从线上联合、线上服务向线下社区下沉，从主题论坛到抗疫志愿研讨会，从行动研究到经验总结与反思，丰富多样，实现了自组织的共建共治共享。特别是研究机构和研究者加入后，不仅完成了联合行动的顶层设计，也不断反思和总结，提炼了iwill志愿者联合行动的经验和教训，形成了一系列研究成果和思想产出，如《"iwill志愿者联合行动"抗疫项目报告》、《iwill志愿者参与突发公共事件的行动机制与策略报告》、《iwill京鄂志愿者联合行动志愿者自画像》口述史采写，以及《iwill三群联动志愿服务手册》和《社区抗疫服务指南》、《iwill京鄂志愿者信息平台建设方案报告》、《海外华侨华人抗疫生活指南》等。

2. 组织建构

本次联合行动通过公开招募、组织对接、熟人关系网络等多渠道进行社会力量的开发和调动。这些社会力量既包括北京市社会心理联合会、惠泽人公益中心、博能基金会、三一公益基金会、友成基金会等联合发起方和资助方；也包括逸飞社工、阳光社工、荆门义工联、蓝天救援队等合作伙伴，还包括作为三线智库支持的专家学者（公共政策、社会学与社工、法学、公共卫生和医生、心理学、管理学等领域）。在长期共同从事公益活动的已有

---

① 杨团：《团结的力量：专业志愿者自组织的崛起与未来》，北京惠泽人公益发展中心微信公众号，2020年4月26日，最后访问时间：2021年5月25日。

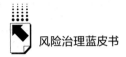
经验和信任关系的基础上，积累的社会资本和组织网络关系成为紧急状态下快速推动大量社会力量广泛参与的重要资源基础。政社研合作模式不断成熟并在疫情防控中取得成功经验的背景下，政府和社会组织、研究机构、企事业单位之间在基于共同愿景的频繁而又平等的互动中，建构了信任关系。随着相关政策出台与专业志愿参与机制的确立，iwill 志愿者联合行动在北京市社会心理联合会之下设立了二级分会即北京市社会心理联合会志愿工作委员会，专业志愿关系实现了组织化，形成了专业志愿参与风险治理体系的常态化机制。

四　成就、经验与启示

（一）成就

在疫情突发初期，武汉封城，多数人处于恐慌无助的时候，iwill 京鄂志愿者联合行动在第一时间做出反应，在政府无暇顾及、社会无专业能力顾及的社会需求领域，大大缓解了武汉当地居民面临的就医难、住院难、居家和社区治疗与防疫难，以及"封城"等产生的疫区居民身心问题和压力。在当地志愿资源没有经验可供借鉴还处于混乱和无序状态，而外地志愿者无法深入疫情现场提供服务与支持的时候，通过"社工+心理+医务"的三师联动平台实现服务需求匹配链接，一方面为居民提供日常医药咨询、情绪疏导等服务，另一方面也一定程度缓解了疫区社区工作人员的工作压力。

iwill 志愿者联合行动自 1 月 23 日启动到 7 月 18 日结束，直接服务人群为受疫情影响严重的地区居民，超过 12 万人。其中，服务国内如武汉及湖北省周边城市、北京、黑龙江、吉林、四川、山东、陕西、广东和海南等地在地居民 115564 人及 60 家志愿服务组织和团体，为北美洲、欧洲、澳洲和亚洲等 10 个国家的当地华人华侨和留学生 8015 人和 15 个华人志愿服务团体提供专业服务与组织赋能支持，共计无偿捐赠专业志愿服务时间 15.37 万小时，其中国内志愿服务时间为 14.27 万小时，海外服务时间为 1.1 万小时。按照最低平均公平市场价值 100 元/小时标准核算，志愿者贡献服务价值为 1537 万元。iwill 志愿者行动共获得基金会资助 53 万元，其投入产出比为 1∶29，是平时日常志愿服务效益（平均为 1∶3）的 9.7 倍。在本次联合行动中汇聚了大量的有服务经验、有技术的专业志愿者，为今后发生类似的公共卫生事件时志愿者介入储备人力资源，并在此次服务经验的基础上，为下次更快速、更专业地投入志愿服务提供了经验。

iwill 志愿者联合行动完成从项目到平台化的升级，在新冠肺炎疫情常态化背景下，不断实践、复制、推广、创新专业志愿者参与风险治理的有效机制，并发挥重要作用。2021 年，iwill 志愿者联合行动将模式复制和在地志愿者能力建设作为应急救援的重点任务，联合 70 多家公益机构共招募超过 10 万名志愿者，在我国吉林、河北、北京、云南、湖北、陕西等地以及印度、菲律宾等国开展联合抗疫，在河南开展水灾救援，共计 9 个 iwill 志愿者联合救援行动项目，797 名 iwill 专业志愿者贡献 22588 小时，为国内外当地社区、社会组织和志愿者团体，以及地方党政有关部门提供 iwill 志愿服务项目管理模式复制与中台建构、专业服务咨询与教练、志愿者能力建设与资源对接等，支持在地公益组织更加专业、有效地参与应急救援服务。

（二）经验与启示

1. 资深公益人与社会资本是参与风险治理的基础

面对突发危机，如果没有资深公益人长期的专业志愿服务经验，就没有成功的 iwill 联合行动。翟雁和杨团是专业志愿服务和公益慈善领域的资深人士，自 20 世纪 90 年代开始从事公益慈善和志愿服务，在业界享有较高的知名度与美誉度，长期从事专业志愿培训、实践、理论研究和政策倡导工作，与社会各界有着良好的合作互动关系，在广大志愿者心中声望高，有公信力。这是在疫情突发初期迅速招募到志愿者，并在较短的时间内得到了政府的信任和合作的重要因素。

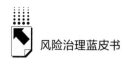
联合行动核心团队成员之一郝南①是卓明灾害信息服务中心创始人，他在参与 2008 年 "5·12" 地震救援志愿服务时发现救灾信息不对称问题，在玉树地震救援行动中尝试解决该问题，发起成立了专门做信息工作的志愿者团队。在 2015 年赴联合国工作 3 个月中学习联合国的国家救灾体系。在应急救灾领域，郝南及其卓明志愿者团队，拥有较丰富的专业救援经验和先进的灾害信息搜集系统。他与翟雁等专业志愿者共同发起 iwill 志愿者联合行动，并在早期开发和管理医生志愿者方面发挥了重要作用。同时，他又紧急发起了 "NCP 新冠生命支持网络"，开展在线医疗诊所和缺氧机捐赠救援工作。②

联合行动核心专家、北京大学法学院金锦萍教授第一时间响应 iwill 倡议，为联合行动的风险管理、法律法规研究、志愿服务协议等项目法律文件提供研发与合规保障。

专业志愿者以其专业技能参与国家风险治理体系，其知识结构配置与协作机制是参与风险治理的关键。但是，无论是什么专业技能，专业人士在从事风险治理的志愿服务过程中，都需要具有社会工作的知识、技能与经验的社会工作者作为支撑。iwill 志愿者联合行动中，职业社会工作者（中台全职员工）发挥了 "黏合剂" 和 "组织者" 的作用，实现了志愿服务的供需匹配与志愿者的科学管理。1（社工）+N（其他专业）的专业志愿知识结构是参与风险治理的有效单元组织模式。

2. 基于需求的专业志愿者管理与赋能是参与风险治理的核心

第一，基于社会需求和条件资源限制有效选择专业志愿服务的领域。三师的专业志愿者结构，正是对疫情防控社区需求的科学调研分析后的有效配置。疫情防控限制了线下直接的服务，因此，iwill 核心团队选择了心理咨询与疏导、线上医疗服务为专业服务主要领域，以专业社工对接匹配需求。

---

① 郝楠，毕业于北京大学医学院，在北京师范大学社会发展与公共政策学院参与公共管理专业硕士学位项目学习，2014 年创立卓明灾害信息服务中心。

② 《铺开线上线下的生命线》，2020 年 2 月 22 日 https://new.qq.com/omn/20200222/20200222A0O82C00.html? pc，最后访问日期：2021 年 5 月 25 日。

第二，从志愿者招募信息发布、志愿者初筛、志愿者面试、志愿者培训、志愿者督导，到志愿者协调、志愿者上岗、志愿者撤离、志愿者考核与激励等各个环节都坚持按照专业流程进行管理，与志愿者签订服务保密协议，明确权利义务边界，为志愿者购买保险，并在"志愿北京"上记录志愿时长，在保障志愿者安全的基础上，激励志愿者提供专业服务。需要说明的是，从君心善行负责的志愿者审核入选比例看，志愿者遴选非常严格。第一期从1000多名报名者中仅选拔出140名志愿者，第二期从1209名报名者中仅筛选出114名志愿者，包括社工志愿者32名、心理咨询师志愿者35名、医师志愿者21名、职能支持志愿者26名，共分配在7个小组中，为居民进行服务。

第三，有针对性地专业赋能。疫情防控中iwill联合行动提供的培训内容包括志愿者岗位、医疗卫生科普和生活防护知识、IT工具使用、项目管理等。在培训面向海外志愿服务群时，考虑到跨文化背景下可能的舆情危机及政治风险，在志愿者岗前培训的时候会重点强调保密原则，强调服务过程要尊重各国的文化，不能评价各国防疫抗疫政策，以此规避志愿服务风险。iwill对参与到本次行动中的志愿者和社会组织提供的专业支持和引导，为其后续发展提供了坚实的基础。

3. 政社研合作常态化是志愿服务有效参与风险治理的前提

志愿服务组织参与风险治理，整合了企业、高校科研院所、社区等志愿者及其他社会资源，丰富了抗疫参与的多元力量，并与政府抗疫主战场相呼应，解决了政府无暇顾及的个性化的社会需求。同时，政府与社会组织的合作，也为社会组织整合志愿者资源、有效参与风险治理提供了指导、支持，把政府规范化管理经验嵌入iwill联合行动。如联合行动的重要参与者张青之，作为政府官员，拥有丰富的管理经验，帮助iwill联合行动提升规范化建设水平，使得来自各地各领域的志愿者所组成的抗疫志愿服务团队散而不乱，非正规化的抗疫志愿服务团队灵活而不失章法。此外，张青之有着丰富的宣传经验，及时提醒iwill联合行动团队要重视公益传播，重视志愿者参与资料的搜集整理，弥补了抗疫之初志愿服务模式尚未理顺时团队管理的空

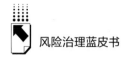

白和不足。政府团队把传播流程、文稿审查机制等经验移植到 iwill 联合行动团队中，因此，抗疫志愿服务行动规范，传播有序，提前规避舆情风险，提升了 iwill 的品牌度，打造了志愿服务的公信力和影响力。这也是后续各地政府主动联系 iwill 参与抗疫行动的重要原因之一。

寻求政社研良性合作的常态机制，是志愿者参与风险治理的起点和归宿。很多志愿服务组织由于多种因素尚未获得政府的信任，没有建立常态合作机制。博能基金会所支持的湖北荆门义工联，2019 年在筹备湖北公益生态网络，在疫情突发初期接到有关部门领导通知，叮嘱其不要随便行动。在参与到 iwill 京鄂志愿者联合行动之后，他们看到越来越严重的疫情状况，荆门义工联决定开始线下抗疫志愿服务行动，重点聚焦筹集国内外抗疫医疗物资运送到医院，解决当时的燃眉之急；后期在湖北收到大量物资的情况下，荆门义工联又配合湖北省慈善总会，成立"湖北省慈善物资分发督导组"，动员全省志愿者协会的领袖，根据需求转向关注物资的精准对接，作用显著，逐步获得了政府的认可和信任。iwill 联合行动展现了专业志愿的灵活性、高效性、及时性，极大地撬动了社会专业技术资源，凝聚人心，弥补政府不足，赢得了政府的信任，由此所建构的政社研常态化合作机制，是志愿服务参与风险治理的有效路径。

4.专业志愿服务的组织即兴是参与风险治理的有效机制

iwill 志愿服务项目因应危机管理需求，在规划指导下行动，在行动中学习，在学习基础上迭代，即时总结评估，即时修订完善，在全国乃至全球疫情防控的特殊条件下，得到不断计划-实践-评估-修订-验证-实践的 6 轮循环发展持续改进的机会，形成了专业志愿服务的组织即兴模式，探索建立了志愿服务参与风险治理的有效机制。之所以能形成组织即兴机制，有以下成功要素。

第一，志愿精神凝聚共同愿景，多主体间互动与协同形成团队学习的良性机制。志愿服务精神成为凝聚项目团队各参与方的核心，将受益人、志愿者与支持网络连接起来，便于团队达成共识、目标相同、方向一致、行动快捷。专业志愿服务中，政府、社会组织及其所发动的志愿者、学者之间形成了良性互动关系，跨界多元的团队具有创新优势，其智慧大于单个组织、单个人的智慧平均值，组织创新能力大大提升。

第二，去中心化的平战结合的开放平台。iwill 项目"三师三线三群"模式所打造的志愿服务参与者之间的平等合作关系，把国家意志、政府行动、公民责任、社会需求进行匹配和资源统合，并通过中台系统和互联网手段形成风险治理的多元共治体系，摈弃了层级节制的低效率，规避了传统官僚制体系存在的僵化、迟钝的弊端，没有本位主义的桎梏。

第三，专业志愿者及其充分的授权。项目管理专家（如宗思语）、社会政策研究专家（如杨团）、规范化建设与传播专家（如张青之），以及医师、心理咨询师、社会工作师等不同专业领域的志愿者的积极参与，使得项目模式能实现在行动中学习，在学习中迭代。此外，三线志愿者与项目管理团队之间没有人事隶属关系，均得到了充分的授权，使得组织能第一时间感知社会问题和受益人的需求，并在第一时间做出回应。

第四，不同主体间的角色变化彰显组织即兴的灵活性。如有的专业志愿者既有心理咨询师资质，又具备社工师证，在抗疫服务过程中，前期扮演着设计者、管理者和培训者的角色，负责招募志愿者、搭设架构以及为志愿者做集体培训，服务过程中也是直接服务提供者，帮助服务对象链接资源、解决问题。来自政府的管理者，前期是资源对接人，后期可能就成为社区的志愿者。

第五，互联网技术支撑在线联动与服务。这次新冠肺炎疫情防控助推志愿服务组织广泛而深度应用互联网技术。iwill 志愿者联合行动所有工作全部依托于互联网，充分运用了多个客户端，比如微信、钉钉、石墨文档、腾讯会议、小鹅通、千聊等，与这些工具相关的阿里巴巴、石墨、腾讯、奇点公益等公司都无偿地提供技术支持和服务。联合行动参与各方主体（志愿者和受益对象）采用网上远程办公、远程服务，成本降低，灵活高效，使得联合行动前所未有地提高了包容性和开放性，组织即兴成为可能。

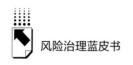

参考文献

北京博能志愿公益基金会：《iwill 志愿者联合行动案例》（内部报告），2020 年7 月。

北京博能志愿公益基金会：《iwill 京鄂志愿者自画像》（内部报告），2020 年6 月。

北京博能志愿公益基金会：《京鄂行动总结》（内部报告），2020 年4 月。

北京博能志愿公益基金会：《三一基金会京鄂项目结项报告》（内部报告），2020 年8 月。

iwill 京鄂志愿者联合行动项目组：《iwill 京鄂志愿者联合行动信息平台建设报告及志愿行动信息平台建设指南》（内部报告），2020 年6 月。

中华女子学院社会工作学院课题组：《社会力量参与重大公共卫生事件的行动策略报告》（内部报告），2020 年6 月。

中华女子学院：《iwill 志愿者访谈实录》（内部资料），2020 年5 月。

B.9
新冠肺炎疫情下的社区自治
国际案例研究*

易芳馨**

摘　要： 风险治理是治理理论在风险管理领域的实践和应用，随着经济社
会及日趋复杂和动态化的风险事件的发展不断推进，尤其是新型
冠状病毒肺炎疫情（下文简称"新冠肺炎疫情"）背景下，国
家或区域层面开展对疫情的全面管控难度陡增，因而在疫情防控
常态化时代，社区风险治理的重要性显著提升。本文通过讨论不
同国家的公共服务供给水平和社区自治的不同模式，通过探析美
国辛辛那提、新加坡、俄罗斯莫斯科、中国深圳等不同城市社区
风险治理水平的差异，为新冠肺炎疫情影响下不同国情下的城市
公共服务供给和社区自治模式提供不同的国际案例借鉴。

关键词： 城市公共服务　社区自治　国际案例

一　引言

风险治理是治理理论在风险管理领域的实践和应用，并随着经济社会及
日趋复杂和动态化的风险事件的发展不断推进。尤其是新冠肺炎疫情背景
下，国家或区域层面开展对疫情的全面管控难度陡增，因而在疫情防控常态

---

* 本研究获得 2020 中国博士后科学基金第 68 批面上项目资助（编号 2020M680442）。

** 易芳馨，博士，北京师范大学社会发展与公共政策学院博士后，北京师范大学风险治理和创
新研究中心助理研究员，研究方向为应急管理和城市公共政策。

化时代，社区风险治理的重要性显著提升。本文通过对美国辛辛那提、新加坡、俄罗斯莫斯科、中国深圳的对比分析，反映不同国家的社区风险治理水平的差异，为新冠肺炎疫情影响下的不同国情下的城市公共服务供给和社区自治模式提供不同的国际案例借鉴。

二 社区风险治理中的城市公共服务供给与社区自治的关系

（一）社区风险治理的概念、理论和流派

社区风险治理的概念包含"社区""风险""治理"三大元素，逐步从"风险"演化至"风险治理"，再进一步推进至"社区风险治理"领域。起初，"风险"指来自自然界的危险或者灾害，后逐渐与人类社会实践相关联，表示危险发生的可能性。杨雪冬等[1]将风险定义为"个人和群体在未来遇到伤害的可能性，以及对这种可能性的判断与认知"。"风险治理"即对风险问题的治理，国际风险治理理事会定义其为"在更大的背景里处理风险的识别、评估、管理和沟通"。风险治理内容主要包括在风险发生前预先准备、风险发生时积极有效地管理和风险发生后的恢复策略，是对风险事件发生前、发生中、发生后全过程的管控。传统风险治理过程主要在国家、区域、城市层面开展，但近年来，风险治理重心显著下移至社区层面。因为社区既是风险产生的第一场所，也是风险后果最直接的承担者，更是事后恢复与发展的直接参与者。张海波等[2]认为，我国政府应急评估能力所需具备的四个层次，自下而上分别为村镇和城市社区、城市、区域、国家层面。社区风险治理研究从治理视角出发，以"风险"为客体，认知、识别并分析不确定性风险因素，同时介入外部干预和发挥主观能动

---

① 杨雪冬等：《风险社会与秩序重建》，社会科学文献出版社，2006，第10~18页。
② 张海波、童星：《应急能力评估的理论框架》，《中国行政管理》2009年第4期，第33~37页。

性。文军①结合新冠肺炎疫情背景，建议在疫情下应当在社区内部加大防控力度，发挥居民的作用，从而构建防控疫情风险的社区治理共同体，体现了社区治理在风险社会中的重要作用。

在当下城市化推进进程中，开展以风险治理为导向的社区规划建设，不仅是城市建设的迫切要求，更是一个跨学科、跨行业的前沿学术问题。社区风险治理水平和能力可以通过两方面进行衡量，即城市公共服务设施供给水平和社区自组织水平。

党秀云将城市公共服务分为三类：维护性公共服务（国防安全、市场秩序、公共秩序等）、经济性公共服务（为促进经济发展的生产性补贴、基础设施建设等）和社会性公共服务（教育、医疗、社保、就业等）。"十一五"规划纲要界定了公共服务所包含的领域，即义务教育、公共卫生、社会保障、社会救助、促进就业、减贫、防灾减灾、公共安全、公共文化、基础科学与前沿技术以及社会公益性技术研究、国防等。② 城市社区公共服务供给具备公益性与福利性，产生于城市社区居民的共同利益需求，由不同供给主体提供公共服务及产品。城市社区公共服务为城市社区居民提供了基础生存生活便利，提高了社区居民对社区的认同感和满意度，提升了我国城市社区居民的生活质量和福利水平。新冠肺炎疫情下，公共服务的需求显著提升，且具有时间紧迫性、不同群体需求多样性、需求长期性与阶段性并存、医疗卫生服务需求突出四大特点。缺乏完善的应急公共服务体系和以信息技术为支撑的创新公共服务供给的城市，在疫情之下显得非常被动。

在缺乏城市公共服务的有利扶持的背景下，以社区自组织为核心的社区风险治理对社区防疫的重要性大幅提升。社区自组织体现在与城市、国家层面采用不同的范式，重点从外部干预走向自身能力的可持续建设，发挥主观

---

① 文军：《直面新冠肺炎：风险社会的社区治理及其疫情防控》，《杭州师范大学学报》（社会科学版）2020 年第 2 期，第 3~11 页。

② 《中华人民共和国国民经济和社会发展第十一个五年规划纲要》，2006 年 3 月 14 日，http://www.gov.cn/gongbao/content/2006/content_ 268766.htm，最后访问日期：2021 年 9 月 15 日。

能动性，加强社会网络建构和社区共同行动。Miehl[①] 和 Eisenman 等[②]的研究发现，居民间的有效沟通、社区资源网络的完善对社区风险防范有显著的正面影响。英国也出台了针对社区风险治理的政策，如"Preparing for Emergencies: Guide for Communities"（《社区应急准备指南》），要求社区借助现有资源与社会资本，加强社区与其他组织协作，在危机时刻能更有效地应对风险。周永根和李瑞龙[③]通过对比日本的社区灾害风险治理组织结构与相关运行机制，建议我国改革管理模式、界定社区主体范围、合理划分权责、建立有效协同机制。面对突发的疫情，社区自治也会存在管理疲软无力、缺乏权威，社区工作人员流动性大、人员素质参差不齐，社区经费有限、财力支持不足，公众参与渠道有限，私人关系盛行而积极社会资本发育不足等问题，不利于有效控制疫情带来的负面影响。

（二）城市公共服务供给和社区自治的模式

基于以上两类观点，本文对城市公共服务供给及社区自治的水平的差异进行讨论。本文选取了美国辛辛那提、新加坡、俄罗斯莫斯科、中国深圳四个城市作为样本，对应不同的模式来讨论。这四个城市在各自区域内均有重要的经济与地理地位。辛辛那提位于俄亥俄州西南端，有运河通往伊利湖，电机制造、食品加工、印刷、化学等多种工业发达，是美国重要的工业城市。新加坡被誉为"亚洲四小龙"之一，毗邻海上交通要道马六甲海峡，凭借地理优势成为东南亚乃至亚洲重要的金融、航运及服务中心。莫斯科位于东欧平原中部，横跨莫斯科河岸及其支流亚乌扎河，为俄罗斯乃至欧亚大陆极其重要的交通枢纽，是俄罗斯的政治、经济、金融、文化、交通中心和最大的综合性城市。深圳地处珠江口，南接香港，作为我国改革开放的重要

---

① Miehl G. F., "Community Emergency Response: Have You Met Your Neighbors Yet", *Professional Safety* 56 (2011), pp. 35-41.

② Eisenman D. P., Glik D., Gonzalez L. et al., "Improving Latino Disaster Preparedness Using Social Networks", *American Journal of Preventive Medicine* 37 (2009), pp. 512-517.

③ 周永根、李瑞龙：《日本基于社区的灾害风险治理模式及其启示》，《城市发展研究》2017年第5期，第105~111页，第124页。

城市，经过 40 多年的发展，口岸数量、出入境人员、车流量均为全国第一。相关研究表明，经济发达与交通便利的地区具有更大的传染病控制难度，然而这四个城市的新冠肺炎感染率和居民防疫生活方式则具有较大差异，反映了城市与社区治理能力的差距。本文以选取的四个城市为例，分别讨论了城市公共服务供给水平和社区自治水平高低组合模式的具体表现。

（三）应对策略概括

1. 国家层面的政策

一系列国际机构发表研究报告指出，政府机关应当提供基本的医疗卫生服务和经济帮扶，充分了解疫情过后居民的收入情况，分析社会经济不平等发展现状，采取适当的方法进行分类分析，了解居民健康水平、收入增长、社会福利等，重新评估和制定国家发展政策，尤其关注贫困地区居民的生活状况。

在医疗卫生领域，要保证居民能平等获得充分的医疗卫生用品和服务。应促进医院之间进行协调合作，合理分担新冠肺炎治疗压力，避免出现医疗资源的过度集中。同时，政府还要支持城市低收入群体能免费或低价获得口罩、新冠病毒检测、新冠肺炎治疗和新冠病毒疫苗接种。弱势群体是各类政策制定过程中重点关注的人群，包括贫穷居民、无家可归者、境内流离失所者、残疾人、妇女和女孩、移民和难民等。该类群体经济收入相对较低，面对流行病的感染风险更高，群体之间传染速度更快，却最容易被忽视。

应对疫情期间住房是关键，对于没有固定住所的人们，无论其什么身份，都应得到保护，不被驱逐，为其提供临时住所，使其能够在必要时安全地自我隔离。疫情过后，政府要保障无固定住所以及居住环境较差的居民的住房条件，加强基础自住房和贫民窟的改造。在相关领域进行大规模公共投资，提供充足的住房，同时保证基本的水电和卫生服务的覆盖和连续性。

2. 城市层面的政策

各个城市是国家政策的落地区，城市应响应、支持并执行国家政策，开展城市间的协作。总体来看，地方政策应具有包容性、参与性和多层次治理

的特点，与所有居民，尤其是边缘化和弱势群体保持接触。同时，地方政府还应完善问责制度和提升政策透明度，形成以证据为基础的问责机制，及时听取居民对相关政策的反馈，并及时改进。

新冠肺炎疫情期间，经济活动不可避免受到影响甚至停摆，但各地要避免基本公共服务的中断，如水、电、交通、教育、医疗等城市基础公共服务，家庭暴力庇护所、孤儿院等慈善机构等。提高流行病学调查能力，有效快速追踪到确诊病例的密切接触者并进行流行病学观察。要确保所有社区都能开展关于新冠肺炎的宣传，使居民了解到最新的新闻和政策，建立起公众对政府应对新冠肺炎疫情和恢复社会正常秩序的信心。

预算能力和财政水平是各地维持关键公共服务的基础。各地政府可以基于财政政策和货币政策实施经济刺激计划和其他政策措施，促进经济复原，同步恢复财政收入，提高预算水平。同时，政策制定者要考虑到政策的实施效果，避免新政策对低收入群体和弱势群体施加额外的财政压力。

3. 区域弹性和经济状况恢复提升的政策

新冠肺炎疫情过后，增强区域的复原力和可持续性，建立全新的、更有弹性的供应链，形成有弹性、包容、积极和绿色的经济复苏，成为全球优先事项。中小微企业抗风险能力较弱，在新冠肺炎疫情过后最需要政策扶持，大部分国家采取转移支付、延期纳税、补贴社保等方式支持企业的安全复工。

许多地区亦开始汲取新冠肺炎疫情的经验，加强区域的复原力，以应对未来的潜在灾害。如加强城市基本数据的收集与分类，针对各类灾害设定紧急预案，对灾害预防设施进行投资，提高对灾害的预测能力，确保在未来以最高效的方式利用稀缺资源。

三　新冠肺炎疫情下的全球疫情趋势和应对策略

（一）美国辛辛那提

2020 年 3 月 13 日，辛辛那提市发现新冠肺炎确诊病例，4 名居住在

Butler County 的居民检测呈阳性。① 4 月 6 日，出现首批新冠肺炎死亡病例，分别为一位 71 岁和一位 86 岁的患者②。2020 年 11 月，俄亥俄州卫生部门将辛辛那提地区新冠肺炎风险等级评定为 "LEVEL 3"。截至 2021 年 2 月 28 日，辛辛那提最大的县汉密尔顿县累计确诊病例 73202 例，死亡病例 970 例，死亡率约为 1.3%，低于全美 1.8% 的死亡率。然而辛辛那提市人口仅为 30 万人，由此可见，当地疫情形势十分严峻。

2021 年来，随着新冠病毒疫苗的接种，每日新增确诊病例数量有所下降。数据显示，辛辛那提市所在的俄亥俄州疫苗接种率为 9.1%，高于全美 8.7% 和全球 0.81% 的接种率。但相对当地人口数量而言，感染率仍较高。

美国政府对新冠肺炎疫情带来的经济破坏立即做出了反应。首先，美国政府出台了一项 4830 亿美元的 "工资保护计划和医疗保健增强法案"（Paycheck Protection Program and Health Care Enhancement Act③），为中小企业负担员工工资提供贷款；扩大新冠病毒检测范围，为医院提供贷款。随后，美国又颁布了 "关怀法案"（CARES Act：Coronavirus Aid，Relief and Economy Security Act④），投入 2.3 万亿美元（约为美国 GDP 的 11%）为民众提供税收退回、失业福利、食品供应，为企业提供更多破产担保、低息贷款，向医院提供资金支持，向州和地方政府转移支付，同时提供对外国际援助。此外，美国还颁布了价值 83 亿美元的 "新冠病毒预备和反应补充拨款法案"（Coronavirus Preparedness and Response Supplemental Appropriations Act⑤）和 1920 亿美元的 "家庭首次新冠病毒应对法案"（Families First

---

① Bill Rinehart，"Cincinnati Confirms First Cases Of COVID‐19"，Cincinnati Public Video，https：//www.wvxu.org/post/cincinnati‐confirms‐first‐cases‐covid‐19.

② "City of Cincinnati Suffers First COVID‐19 Deaths"，FOX19NOW，https：//www.fox19.com/2020/04/06/watch‐live‐deaths‐cincinnati‐due‐coronavirus‐city‐updates‐response/.

③ Congress，"Paycheck Protection Program and Health Care Enhancement Act"，https：//www.congress.gov/bill/116th‐congress/house‐bill/266.

④ Congress，"CARES Act：Coronavirus Aid，Relief and Economy Security Act"，https：//www.congress.gov/bill/116th‐congress/senate‐bill/3548/text.

⑤ Congress，"Coronavirus Preparedness and Response Supplemental Appropriations Act"，https：//www.congress.gov/116/bills/hr6074/BILLS‐116hr6074enr.pdf.

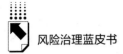

Coronavirus Response Act），为病毒检测、疫苗开发、食品补贴、失业保险、国际援助提供资金支持。

（二）新加坡

新加坡首位确诊病例，于 2020 年 1 月 23 日检测出病毒阳性。[①] 随着时间推移，病例越来越多，不久之后，病毒便开始了社区传播。[②] 2020 年 2 月 7 日，新加坡政府将 DORSCON 水平提高到橙色。3 月 21 日，新加坡首次出现 2 例新冠肺炎死亡病例。2020 年 4~8 月是新加坡病例集中暴发的时期，截至 8 月 31 日，新加坡累计确诊 56812 例。9 月开始，疫情逐步得到控制，单日新增确诊病例在 100 例以下，极少出现死亡病例。自 2021 年 9 月起，新加坡疫情迎来全面暴发，2021 年 10 月 27 日单日新增高达 5324 例（见图 1）。截至 2021 年 12 月 31 日，新加坡累计确诊病例 27.94 万例，死亡病例 828 例，死亡率约为 0.3%。新加坡的新冠死亡率在全球范围内看都处于极低水平，但考虑到新加坡的常住人口数量和优秀的公共医疗体系，如此高的感染率完全出乎人们的意料。

为了遏制疫情蔓延，2020 年 1 月 22 日，新加坡成立了新冠肺炎疫情多部门工作组，负责领导和指导新加坡应对新冠肺炎疫情。该工作组由卫生部部长 Gan Kim Yong 和国家发展部部长 Lawrence Wong 共同主持。2020 年 4 月 7 日起，疫情防控措施升级，关闭除基本公共服务和关键经济部门外的所有公共场所[③]。

除了努力减少人与人之间的密切接触之外，新加坡政府给予个人、家庭

---

① Yong, M., "Timeline: How the COVID-19 Outbreak Has Evolved in Singapore So Far", Channel News Asia, https://www.channelnewsasia.com/news/singapore/singapore-covid-19-outbreak-evolved-coronavirusdeaths-timeline-12639444.

② Tan, M., How, M., Koay, A., & Yap, R., "4 in S' Pore Infected with Wuhan Virus Due to Chinese Tourist Stop in Lavender", https://mothership.sg/2020/02/wuhan-virus-local-spread/.

③ Ministry of Health, "Circuit Breaker to Minimise Further Spread of COVID-19", https://www.moh.gov.sg/news-highlights/details/circuit-breaker-to-minimise-further-spread-of-covid-19.

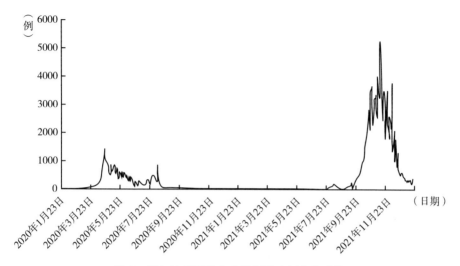

图1 新加坡新冠肺炎疫情新增病例变化趋势

资料来源：JHU CSSE COVID-19 Data。

和企业史无前例的财政支持。2020年2月18日，新加坡政府颁布第一批"团结预算"（Unity Budget），财政提供64亿新加坡元的资金以供政府应对新冠肺炎大流行带来的影响。其中，16亿新加坡元用于向每位21岁以上的新加坡公民一次性派发100~300新加坡元的补助；13亿新加坡元用于帮助企业支付8%的雇员工资；对于受疫情冲击巨大的航空业、会展业、酒店业等行业采取税收减免与优惠政策。3月26日，第二批"弹性预算"（Resilience Budget）颁布，金额高达550亿新加坡元，约为新加坡GDP的11%。该批资金用于支持就业，帮助企业支付25%的雇员工资，对于受冲击严重的行业，补助比例更高。对成年人的现金补助也增加了两倍，家长可额外获得300新加坡元的补贴，另有12亿新加坡元用于帮扶自由职业者。后续第三批51亿新加坡元"团结预算"（Solidarity Budget）和第四批330亿新加坡元"坚毅预算"（Fortitude Budget）分别于4月6日和5月26日颁布，四批预算合计动用了约1000亿新加坡元以应对新冠肺炎疫情危机、支持经济恢复。

（三）俄罗斯莫斯科

俄罗斯新冠肺炎确诊病例出现在 2020 年 1 月 31 日，当时分别在西伯利亚的秋明地区和扎拜卡尔斯基边疆区发现了两例病例。

2020 年，莫斯科疫情共经历了三个阶段。第一阶段：集中暴发（2020 年 2 月初至 2020 年 6 月中旬），自第一例病例发现后，5 个月内累计确诊病例攀升至 20 万例左右。第二阶段：缓慢增长（2020 年 6 月中旬至 2020 年 10 月初），该段时间内随着各项防疫措施的实施，新增病例速度相对有所放缓。第三阶段：急速增长（2020 年 10 月初至 2021 年度），该阶段全球疫情并未好转，进入冬天后疫情防控难度进一步加大，加之经济恢复的压力，约 5 个月的时间内，莫斯科确诊病例从 30 万例飙升至近 100 万例。

2021 年以来，莫斯科新增确诊病例开始逐步下降，但在夏季迎来全面暴发，2021 年冬季防控压力大。截至 2021 年 10 月 12 日，莫斯科报告累计确认病例 163.79 万例（见图 2），死亡病例 2.9 万例。莫斯科人口约为 1300 万人，感染率高达 12.6%，死亡率约为 1.8%，低于俄罗斯全国平均死亡率 2.1% 和全球死亡率 2.2%。

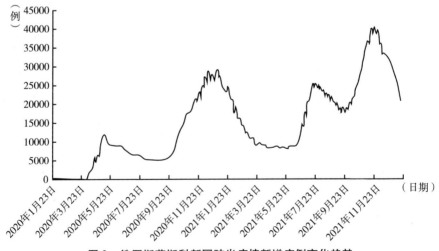

图 2　俄罗斯莫斯科新冠肺炎疫情新增病例变化趋势

资料来源：JHU CSSE COVID-19 Data。

面对疫情，俄罗斯采取了严格的防疫措施。自 2020 年 1 月 27 日起，俄罗斯开始进行新冠病毒检测。1 月 30 日，俄罗斯限制入境人数。3 月 16 日，限制所有外国公民进入俄罗斯。3 月 17 日，俄文化部决定关闭下属机构、博物馆、剧院、电影院、教堂等公共场所。3 月 18 日起，俄罗斯清真寺、犹太教堂中的宗教活动被要求暂停举行。

在复工复产方面，劳动部建议政府、地方自治机构、预算机构和国有企业让员工开展远程工作，对于依旧实地办公的人群，采取更为灵活的时间安排，避免人群拥挤。大量公司获得政府财政补贴，共有 1100 多家雇佣大量员工的企业获得 30 亿卢布的贷款，中小企业获得了每月 35 亿卢布的无息贷款，并享受预算支付和补贴、福利、延期强制性支付和税收减免。社会福利方面，俄罗斯将儿童保育津贴最低数额提高 1 倍至 6751 卢布。对医务和社会工作者，联邦和地方都拨出相应资金支持他们的工作。对于弱势群体，政府也在购买食物和必需品、住所保障、家政服务、法律咨询、心理咨询等领域进行帮扶。

（四）中国深圳

2020 年 1 月 19 日，深圳确诊首例新冠肺炎病例，患者为 66 岁男性，因赴武汉探亲后感染。[1] 自出现首例确诊病例后，深圳卫健委开展流行病学调查与疫情防控。从 2020 年 1 月 27 日开始，深圳每日新增确诊病例在 10 例以上，并呈上升趋势，1 月 30 日单日新增病例高达 60 例。1 个月后，疫情防控措施效果逐步显现，自 2 月起，深圳单日新增病例明显下降，2 月 18 日首次出现"零新增"，累计确诊病例 416 例。此后，深圳偶有零星病例确诊，多为境外输入病例，本土病例较少，且多与境外冷链物流相关。2021 年下半年以来，受香港疫情影响，深圳出现疫情反弹，确诊人数迅速攀升，但总体控制情况较好。

---

[1] 《国家卫生健康委确认我省首例输入性新型冠状病毒感染的肺炎确诊病例》，广东省卫生健康委官网，2020 年 1 月 20 日，http://wsjkw.gd.cn/xxgzbdfk/yqtb/content/post_2879112.html，最后访问日期：2020 年 1 月 20 日。

2020年1月以来，国家各个机关部门都针对疫情带来的经济破坏发布了对应财政政策。银保监会、人社部、央行、国家税务总局和财政部颁布一系列措施帮助个人和企业纾困。主要政策包括个人可延长住房按揭等贷款还款期限，延长企业和个人社保业务办理期限，允许企业推迟纳税申报。受疫情影响较大的困难行业企业2020年度发生的亏损，最长结转年限由5年延长至8年。财政部提前下达18480亿元新增地方政府债务限额，尽早形成对经济的有效拉动。

同期，央行通过公开市场操作和定向降准，提供短期和中长期的流动性，保持银行体系流动性合理充裕。截至2020年3月29日，央行实施逆回购累计投放39800亿元。央行还分别于1月15日、2月17日、3月16日开展了3000亿元、2000亿元、1000亿元的中期借贷便利操作，累计投放6000亿元。2020年央行还实施了两次降准：1月6日，央行将金融机构存款准备金率下调0.5个百分点，释放长期资金8000多亿元；3月16日，央行实施定向降准，释放长期资金5500亿元。此外，央行设立了3000亿元的专项再贷款和增加5000亿元的再贷款再贴现额度，支持疫情防控和复工复产。

2022年以来，全国各地本土疫情频发，对宏观经济造成了一定冲击。在此背景下，2022年3月24日，深圳市人民政府提出惠企纾困"三十条"①，具体政策包括税费减免、租金减免、降低水电气成本、补贴防疫支出、加大金融支持等，涵盖工业、餐饮业、批发零售业、文体旅游业、交通运输及物流业和教育行业等受疫情影响严重的行业。惠企纾困"三十条"把降成本作为政策实施的重要发力点，拿出真金白银助企纾困，这些政策措施预计将为深圳市场主体减负超750亿元。

---

① 《深圳市人民政府关于印发应对新冠肺炎疫情进一步帮助市场主体纾困解难若干措施的通知》，2022年3月24日，http://www.sz.gov.cn/szzt2010/yqfk2020/szzxd/zczy/zcwj/bfzc/content/post_9638453.html，最后访问日期：2022年5月17日。

四 新冠肺炎疫情下城市公共服务供给和社区自治的国际经验

（一）美国辛辛那提

1.城市政府公共服务供给状况简介

辛辛那提是全美最贫困的城市之一，居民储蓄率仅为 0.75%，27.2% 的居民生活在贫困线下。这使得当地对疫情的响应非常依赖城市公共服务的供给。疫情初期，辛辛那提市拥有一定的防护用品库存，随着疫情蔓延，不充分供应链导致防护用品的短缺。辛辛那提市 55.6% 的住院床位以及 40.2% 的 ICU 病房收治了新冠肺炎患者，但医院和居民都缺乏口罩等个人防护用品。

辛辛那提市所有的医院、公立学校和警察局均由市政府管理。2020 年 4 月至 6 月，辛辛那提市实施宵禁和居家令，警察有权对违反规定的居民进行处罚。然而，当地居民对各类政策非常不满，俄亥俄州政府进行了至少 22 次辩论，4 次关闭学校，14 次重新开放。由于公共政策的不协调和无序性，当地民众 4 月底开始上街抗议，加之后来发生的"黑人的命也是命"事件（Black Lives Matter），居民之间的安全社交距离无法得到保障，加剧了疫情的扩散。

2.社区自治水平概述

辛辛那提社区多样性丰富，拥有德裔、拉美裔、华裔、非裔、西班牙裔等 12 个族裔，这一定程度上不利于社区的团结和政策的实施。在当地政府没有强制要求的情况下，许多社区小商店和餐厅主动提出防疫措施，大部分要求顾客进入时佩戴口罩，更严格的小商户则不允许堂食，仅提供外带与外卖服务。面对防护消毒用品的短缺，居民开始自制消毒剂、口罩等防护用品。社区鼓励居民进行新冠病毒检测，但由于资金紧张，即便得到 NGO 的赞助，也无法完全为居民减免检测（费用 80 美元/人）。检测的过程主要依

赖国民警卫队以及以教师为主的志愿者，年轻人参与程度较低，由于人们对于防疫的要求和重要性缺少认知，不少病例在社区中严重传播。

（二）新加坡

1. 城市政府公共服务供给状况简介

新加坡的医疗系统在疫情防控中至关重要。2020年1月23日，首例新冠肺炎确诊病例入住新加坡总医院隔离病房后，新加坡立即开始追踪接触者。随着疫情的扩散，各个医院的隔离病房与重症监护室开始人满为患。为此，新加坡开始实施医疗分级。出现严重症状的患者将被医院收治，症状轻微或无症状的感染者在社区护理设施（CCFs）接受护理，康复中的病人出院后从医院转到康复中心[1]，重启公共医疗准备诊所（PHPCs）网络。许多公共场所也被作为隔离点，如新加坡博览会和樟宜展览中心。分级医疗使得传染病防治更为高效，可有效利用有限的医疗资源。

新冠病毒检测能力和速度是追踪潜在感染者的关键。ASTAR and Tan Tock Seng 医院联合开发了坚韧牌棉签检测试剂盒，杜克-新加坡国立大学医学院开发了世界上第一个血清学测试，该测试使研究人员能够检测出在感染者身上产生的抗体，这随后被用于评估新加坡社区传播的程度。研究团队随后开发一种快速检测试剂盒，可在数小时内检测出人体内新冠病毒抗体的存在[2]。医疗技术公司 Biolidics Limited 开发了一种检测试剂盒，可以在10分钟内检测一个人的新冠肺炎感染情况[3]。

2. 社区自治水平概述

与2003年的SARS大流行不同，本次新冠肺炎疫情主要是在社区聚集

---

① Singapore Ministry of Health, "Comprehensive Medical Strategy for COVID - 19", https://www.moh.gov.sg/news-highlights/details/comprehensive-medical-strategy-for-covid-19.

② Goh, T., "Duke-NUS Scientists Develop Speedy Test for Antibodies That Can Neutralise Coronavirus", *The Straits Times*, https://www.straitstimes.com/singapore/health/duke - nus - scientists-develop-speedy-test-for-antibodies-that-can-neutralise.

③ Kamil, A., "Local Firm Develops Rapid Test Kit That Can Detect COVID-19 in Less Than 10 Minutes", TODAY on-line, https://www.todayonline.com/singapore/local - fifirm - develops - rapid-test-kit-can-detect-covid-19-less-10-minutes.

传播而非医院内部感染，新加坡各个社区主要采取三种方式应对疫情——安全社交距离、强制佩戴口罩、财政支持。2020 年 2 月 7 日至 6 月 1 日，各个社区采取严格措施防范疫情，非必要的公共活动均取消或延迟，学校转向线上教学，所有公共场所进行体温测量等。4 月 15 日，社区要求所有居民外出必须佩戴口罩①，出行未佩戴口罩者将被处以 300 新加坡元的罚款②，同时社区加强对防疫物资的发放，以及对防疫信息的发布和公开等。

（三）俄罗斯莫斯科

1. 城市政府公共服务供给状况简介

莫斯科面对疫情，隔离入境者、限制航班，要求学校实行线上授课③，公司远程工作，关闭教堂、电影院等公共场所，实施全民居家自我隔离等，以避免人群集聚，阻止病毒的传播。但这一系列措施并没有同步实施，而是有一定的先后顺序。部分防疫措施在疫情初期不够严格，如对入境者不实施集中隔离，仅要求自我隔离。这使得莫斯科未能一次性阻止病毒传播，导致疫情不断反复。

2. 社区自治水平概述

莫斯科志愿者制度在疫情期间发挥了重要作用。在过去的 7 年中，俄罗斯逐渐建立了庞大的志愿者中心网络，志愿者数量增长了 5 倍④。本轮疫情中，莫斯科大部分志愿者为当地在校学生或年轻人，平均年龄 23 岁，也有越来越多的老年人参与志愿服务。3 月 21 日，全俄公众运动"医疗志愿

---

① Ministry of Health："Circuit Breaker to Minimise Further Spread of COVID-19"，2020 年 4 月 3 日，https：//www. moh. gov. sg/news－highlights/details/circuit－breaker－to－minimise－further－spread-of-covid-19，最后访问日期：2020 年 9 月 15 日。

② Yong, M.，"COVID-19：What the Law Says about Having to Wear a Mask When Outside Your Home"，CNA，https：//www. channelnewsasia. com/news/singapore/covid － 19 － singapore － masks-going-out-law-12643120.

③ "Schools Evaluated the Transition to Distance Learning Against the Background of Coronavirus"，https：//www. rbc. ru/society/19/03/2020/5e72871d9a794763146e6237.

④ "Phenomenon of Mutual help"，Dobro，https：//dobro. ru/news/7910-fenomen-vzaimopomosh.

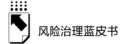
者"、志愿者中心协会（AVC）和全俄人民阵线发起了＃myvmeste（＃wearetogether）运动①，并开通了专门为老年人提供支持的热线。志愿者的主要工作是帮助老年人、残疾人、医务工作者等群体购买食品、药品、防疫用品，解决日常问题。该项运动得到了许多自身仍处于困境企业的帮助，共有8000个合作伙伴参与本次运动，包括1600家公司。其余公民可通过热线了解自我隔离的规则、防止感染传播的措施、疾病预防和其他紧迫问题。志愿者工作总部热线共收到了170多万份请求，24万人得到了针对性援助。②

（四）中国深圳

1. 城市政府公共服务供给状况简介

深圳市政府在国家政策的基础上进一步帮助本地生活经济恢复常态。在支持复工复产方面，疫情防控期间，对不裁员或少裁员的参保企业，返还其上年度实际缴纳失业保险费的50%；对生产经营困难，但坚持不裁员或少裁员的参保企业，返还25%上年度缴纳社会保险费。对感染新冠肺炎或因防控需要进行医学隔离观察的职工所在企业，其所支付的工资可获得最高50%的补贴③，适岗培训补贴由每人最高900元提高至1500元④，技能提升培训补贴由平均每人1400元提高到2000元。此外，针对不同企业，进一步免缴、减免或返还租金、城镇土地使用税、电费、城镇污水处理费、社保公

---

① "We Are Together（＃myvmeste）"，https：//xn--2020-f4dsa7cb5cl7h. xn--p1ai/.

② Olga Yarilova，"More than 100 Thousand People will Take Part in the Project 'Cultural Volunteers'"，https：//culture. gov. ru/press/news/olga_ yarilova_ k_ 2024_ godu_ v_ proekte_ volontyery_ kultury_ primut_ uchastie_ svyshe_ 100_ tys_ chelovek/.

③《深圳市人力资源和社会保障局关于疫情防控期间企业申领援企稳岗补贴有关事项的通知》，深圳市人民政府办公厅官网，2020年2月24日，http：//www.sz. gov. cn/cn/xxgk/zfxxgj/tzgg/content/post_ 6739101. html，最后访问日期：2020年2月24日。

④《深圳市人力资源和社会保障局 深圳市财政局关于做好新型冠状病毒肺炎疫情防控期企业职工适岗培训有关工作的通知》，深圳市人民政府办公厅官网，2020年2月17日，http：//www.sz. gov. cn/cn/xxgk/zfxxgj/tzgg/content/post_ 6732881. html，最后访问日期：2020年2月17日。

积金等，并提供融资帮助①②③。

在疫情防控方面，鼓励企业进行防疫物资生产改造投资，特定期间内购买的设备最高可获得50%的资助。④ 物业服务企业可以按在管面积每平方米0.5元的标准，获得两个月财政补助。⑤

在居民服务方面，对重点"菜篮子"企业保供稳价，提供临时性补贴，免除2个月两级公租房、人才住房租金。加大巡游出租车一线驾驶员政府临时补贴力度，放宽现有每月每车1000元政府临时补贴的考核标准，设立驾驶员出车奖励机制。⑥ 政府鼓励出租车运营企业合理减免驾驶员租金，对于落实租金减免政策的企业，给予企业对应的出租车经营权延期奖励。

2. 社区自治水平概述

深圳全市共有4800多个花园小区、1800多个城中村，为了实施精准防控，防疫指挥部将辖区各社区划分成一个个防控工作格。全部实行围合管理。社区在围合上依靠社区支持，来回协调工业园区、路政、城建和政法部

---

① 《深圳市中小微企业银行贷款风险补偿资金池管理实施细则》，深圳市人民政府办公厅官网，2020年3月1日，http：//gxj. sz. gov. cn/xxgk/xxgkml/zcfgjzcjd/gygh/202003/t20200301_ 19033735. htm，最后访问日期：2020年3月1日。

② 《深圳市应对新型冠状病毒肺炎疫情中小微企业贷款贴息项目实施办法》，深圳市人民政府办公厅官网，2020年3月4日，http：//gxj. sz. gov. cn/xxgk/xxgkml/zcfgjzcjd/gygh/202002/t20200229_ 19033261. htm，最后访问日期：2020年3月4日。

③ 《关于开展深圳市民营企业平稳发展基金短期流动性资金支持申报的通知》，深圳市人民政府办公厅官网，2020年2月27日，http：//zxqyj. sz. gov. cn/zwgk/zfxxgkml/tzgg/202002/t20200227_ 19030273. htm，最后访问日期：2020年2月27日。

④ 《深圳市关于鼓励新冠肺炎疫情防控重点物资生产企业技术改造实施细则》，深圳市人民政府办公厅官网，2020年3月11日，http：//gxj. sz. gov. cn/xxgk/xxgkml/zcfgjzcjd/gygh/202002/t20200229_ 19033009. htm，最后访问日期：2020年3月11日。

⑤ 《深圳市物业服务企业疫情防控服务财政补助工作指引》，深圳市人民政府办公厅官网，2020年2月16日，http：//zjj. sz. gov. cn/csml/bgs/xxgk/tzgg_ 1/202002/t20200219_ 19018484. htm，最后访问日期：2020年2月16日。

⑥ 《市交通运输局关于印发〈防疫期深圳市巡游出租车驾驶员出车奖励发放办法〉及政策解读的通知》，深圳市人民政府办公厅官网，2020年3月12日，http：//www. sz. gov. cn/cn/xxgk/zfxxgj/tzgg/content/post_ 6874873. html，最后访问日期：2020年3月12日。

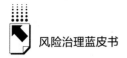
门收紧社区防线。① 社区志愿者在防疫中也发挥了重要作用。桃源街道应急救援志愿者联合会积极参与平山社区防疫工作，协助构建"1+6"防控体系，即启动1个疫情防控应急总方案，组成排查、后勤保障、关爱回访、宣传机动、出入口防控和督导6个工作组。②

以深圳为代表的中国疫情防控模式存在一个明显特点：社区的疫情防控措施主要服从上级街道办、市防疫指挥部，在他们的指导下进一步开展。上级下达的防疫措施相对严格，防控效果好，社区无须自主创新，做好力量调度和后勤保障即可，以党员为代表的社区工作者在疫情中发挥了重要作用。

五　新冠肺炎疫情下城市公共服务供给存在的问题

（一）新冠肺炎疫情加剧城市、地区的不平衡发展态势

辛辛那提、莫斯科、新加坡、深圳四个城市尽管经济地理区位十分相似，但其对疫情和经济恢复的控制力的差距，使得四个城市的经济发展态势大不相同。根据已公开的数据，2020年新加坡GDP下降5.4%，深圳GDP增长3.1%，美国GDP下降3.3%，俄罗斯GDP下降3.1%③。其中，虽然新加坡GDP下滑较多，但其对经济的支持力度十分大，加之疫情管控效果较好，医疗资源丰富，疫情后能实现较高幅度增长。

从世界范围来看，2020年全球经济遭遇了20世纪30年代大萧条以来的最严重衰退，多国GDP跌幅创下历史纪录。但亚洲国家，尤其是大多数

---

① 石丹：《深晚独家｜记者深入探访深圳最大社区：疫情之下，他们这样做……》，2020年2月19日，http：//app. myzaker. com/news/article. php？pk=5e4d14141bc8e0c440000523，最后访问日期：2020年2月19日。

② 《疫情当前，深圳700多社区、4800多花园小区做了这些事》，2020年2月24日，https：//m. thepaper. cn/newsDetail_ forward_ 6130404，最后访问日期：2020年2月24日。

③ 《俄统计局：俄罗斯2020年GDP下滑3.1%》，2021年2月2日，https://baijiahao. baidu. com/s？ id=1690537147834122670&wfr=spider&for=pc，最后访问日期：2021年2月2日。

东亚、东南亚国家，在文化上有一定的集体认知，配合疫情防控工作，较快地控制住疫情蔓延，经济受到的冲击较小，在世界经济中的份额进一步扩大。2020 年，除中国经济保持正增长之外，缅甸、越南 GDP 亦有增长。亚太经合组织（APEC）21 个成员 GDP 之和占世界 GDP 的比重也相比 1980年的 46% 上升到 2020 年的约 60%。

IMF 预测，2021 年全球经济增速将会反弹至 5.2%，世界经济将会出现"V 形"反弹。但实际上，"K 形"复苏格局可能成为经济恢复阶段的主要情况。发达经济体可能呈现更快的经济复苏趋势，而除中国之外的新兴市场经济体，经济复苏可能显著滞后于发达经济体。杰弗里·萨克斯（Jeffrey Sachs）最近的研究发现，死亡率与社会分配方式息息相关，贫富差距越大的社会死亡率越高。贫富差距越大的社会在疫情的冲击下越脆弱，同时进一步扩大贫富差距，加剧经济社会的脆弱性，形成恶性循环。发达国家拥有更多的医疗资源，包括医院设备和疫苗研发能力。相比之下，发展中国家新冠肺炎死亡率普遍偏高，且很难做到大规模疫苗注射。疫情暴发以来，大多数发达国家都实施了极其宽松的财政政策，以稳定金融市场，增强实体经济实力。但许多新兴市场经济体政府本身就已债台高筑，没有空间实施大规模救市政策。此外，由于美元的特殊属性，美联储极其宽松的货币政策一旦收紧，会导致新兴市场经济体资本外流与资产大幅贬值，暴发货币危机、债务危机乃至经济危机。

（二）不同经济发展状况的城市其城市公共服务能力差异巨大

城市层面能够提供的公共服务主要在医疗支持、疫情管控、财政支持复工复产、低收入人群社会福利等方面。其中，医疗能力是疫情下所有公共服务的重中之重，医疗资源短缺的城市很难控制住疫情，进而很难有序恢复经济。财政支持的覆盖面也体现了不同城市公共服务能力的差距，财政预算有限的城市更会把有限的资金投入复工复产中，相对会忽视民众福利，在居家令和封城等严格措施下，可能难以满足民众的基本生活需求。

拥有数字化建设基础的城市在疫情期间可以做到公共政策执行的高效化

和公共服务供给的精准化。以中国杭州为例，杭州率先开发"健康码"并推广应用至全国，方便了新冠肺炎疫情常态化管理下涉疫人员行程管理。杭州开发的"城市大脑"系统通过"一整两通三协同+直达"的中枢架构，使各级政府机关职责明确，按层级授权管理工作；数据集成管理清晰反映真实问题，大大减少政府非理性决策。在此后的多轮疫情中，杭州均能较快在病毒传播初期控制传染范围，并较好保障管控范围内居民的日常生活，尽可能减少对社会面的负面影响。

六 疫情防控常态化下城市公共服务供给和社区自治能力提升建议与展望

易外庚等[1]研究总结后指出，现有城市社区治理模式为政府主导型、自治主导型、合作共治型、市场主导型四种模式，对应主体为政府、社区和市场。新冠肺炎疫情初期，由于缺乏经验，大多由政府主导开展社区治理。尽管国家和城市层面都采取了不同程度的帮扶措施，但仍有众多细节无法被涵盖，在这种情况下，社区组织能力的强弱一定程度上影响了当地居民在疫情防控模式下的生活状态。卢学晖[2]强调，社区是社会的单元和细胞，社区自治是促进基层管理体制创新和完善社会主义基层民主的必经之路。从以上案例中，我们可以发现，社区志愿者在食品分配、基础药品采购、防疫检查等方面极大地便利了社区居民。毛振华和姚祥燕[3]调查发现，党员是社区志愿者的主体，公务员、社区工作人员成为社区防疫志愿服务队伍的主力军，居民对社区防疫志愿服务的参与度、认可度普遍较高。

经过本次重大公共卫生事件，居民对社区公共服务质量有了更高的要求，

---

① 易外庚、方芳、程秀敏：《重大疫情防控中社区治理有效性观察与思考》，《江西社会科学》2020年第40期，第16～24页。
② 卢学晖：《城市社区精英主导自治模式：历史逻辑与作用机制》，《中国行政管理》2015年第8期。
③ 毛振华、姚祥燕：《疫情之下志愿服务与基层社会治理调查研究》，《领导科学论坛》2021年第3期。

促使社区进一步创新服务模式、提升服务质量。其中，在不同社区，一系列新型社区自组织形式开始出现，上文所述四个地区由于疫情的严重程度不同，政府从国家到地区的干预和政策力度不同，社区自组织形式也存在一定的差异。广泛的协同合作以及机制、模式上的突破创新，是政府和社会在应对重大公共健康安全事件的关键所在。

在风险治理的危机管理中，城市的公共服务供给和社区自治水平需要齐头并进，虽然城市公共服务供给由本地政府自上而下决定，但是社区自治能力的培育和发挥是自下而上的社区组织凝聚力、服务能力以及社区能力建设的重要方面，在面对重大危机的情况下，城市公共服务供给和社区自治能力相辅相成，对社区韧性和弹性建设的提升，具有重要的作用和意义。随着新冠肺炎疫情的发生和变化，每个城市和社区的应对策略也在调整，需要有更多的研究加以跟进。

参考文献

丁树伟：《我国城市社区公共服务供给问题研究》，《科技情报开发与经济》2007年第29期。

丁元竹：《社会疏离助推公共服务供给方式重构》，《中共中央党校（国家行政学院）学报》2020年第5期。

胡敏：《应对突发公共卫生事件中完善社区治理的思考》，《学理论·下》2021年第1期。

刘佳燕、沈毓颖：《面向风险治理的社区韧性研究》，《城市发展研究》2017年第12期。

石发勇：《准公民社区：中国城市基层治理的一个替代模型》，《社会科学》2013年第4期。

王庆怡、谢炜：《基于风险治理的韧性社区建设研究》，《世纪桥》2020年第6期。

游姣：《战"疫"下关于我国公共服务创新发展的思考》，《决策与信息》2020年第4期。

张明：《V型、U型、耐克型还是K型?》，《金融博览》2021年第2期。

张明：《后TRIPS时代的药品专利保护：趋势、影响与因应——以发展中国家的立

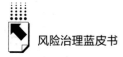
场为视角》,《国际经济法学刊》2021 年第 2 期。

张蔚文、金晗、冷嘉欣:《智慧城市建设如何助力社会治理现代化?——新冠疫情考验下的杭州"城市大脑"》,《浙江大学学报》(人文社会科学版)2020 年第 4 期。

Cabinet Office, *Preparing for Emergencies*: *Guide for Communities*, (London: 2016).

党秀云:《民族地区公共服务体系创新研究》,人民出版社,2009。

附　　录

Appendices

相关政策法规列举及搜索指引

一、以下列举的相关政策法规均可通过扫描条目下的二维码进行查阅

1.《中共中央关于制定国民经济和社会发展第十四个五年规划和二〇三五年远景目标的建议》（2020 年 10 月 29 日通过）

2. 教育部《中小学教育惩戒规则（试行）》（2020 年 12 月 23 日颁布，2021 年 3 月 1 日实施）

3. 《民政部在部管社会组织中部署新型冠状病毒感染的肺炎疫情防控工作》（2020 年 1 月 29 日发布）

4. 民政部《关于印发〈社会组织登记管理机关疫情防控工作实施方案〉的通知》（2020 年 1 月 29 日发布）

5. 民政部《关于全国性行业协会商会进一步做好新型冠状病毒肺炎防控工作的指导意见》（2020 年 2 月 6 日发布）

6. 《民政部基层政权建设和社区治理司等单位指导编写〈社区"三社联动"线上抗疫模式工作导引（第二版）〉》（2020 年 3 月 12 日发布）

7. 民政部《慈善组织、红十字会依法规范开展疫情防控慈善募捐等活动指引》（2020 年 2 月 14 日颁布）

8. 《国家发展改革委办公厅、民政部办公厅关于积极发挥行业协会商会作用 支持民营中小企业复工复产的通知》（2020 年 2 月 27 日发布）

9. 《民政部办公厅关于调整优化有关监管措施支持全国性社会组织有效应对疫情平稳健康运行的通知》（2020 年 4 月 2 日发布）

10. 《民政部关于动员慈善力量依法有序参与新型冠状病毒感染的肺炎疫情防控工作的公告》（2020 年 1 月 26 日发布）

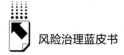

11.《商务部 海关总署 国家药品监督管理局公告 2020 年第 5 号 关于有序开展医疗物资出口的公告》（2020 年 3 月 31 日发布）

二、以下列举的相关政策法规均可通过下方链接进行查阅

1. 共青团中央《关于坚持党的领导，全团动员，在防控疫情阻击战中充分发挥共青团生力军和突击队作用的通知》（2020 年 1 月 31 日印发），http：//www. gqt. org. cn/documents/zqf/202001/P020200131844066922533. pdf。

2. 中国青年志愿者协会《关于青年志愿者组织和志愿者开展疫情防控应急志愿服务的工作指引》（2020 年 1 月 27 日发布），http：//news. youth. cn/gn/202001/t20200127_ 12178470. htm。

3. 中央文明办、中国志愿服务联合会《关于号召广大志愿者、志愿服务组织积极有序参与疫情防控的倡议书》（2020 年 1 月 28 日），http：//www. wenming. cn/zyfw/rd/202001/t20200128_ 5402262. shtml。

后　记

　　风险治理是一个组织通过风险识别、风险评估去认识风险，并在此基础上合理地使用回避、抑制、自留或转移等方法和技术对活动或事件所涉及的风险实行有效控制的过程。风险治理包括风险识别、风险评估、风险管控、风险沟通、风险监测与更新等不同环节，是一个包括事前防范准备、事中应对处置、事后学习改进的全生命周期过程。这正如习近平总书记2019年1月21日在省部级主要领导干部坚持底线思维着力防范化解重大风险专题研讨班开班式上强调的："既要高度警惕'黑天鹅'事件，也要防范'灰犀牛'事件；既要有防范风险的先手，也要有应对和化解风险挑战的高招；既要打好防范和抵御风险的有准备之战，也要打好化险为夷、转危为机的战略主动战。"

　　自德国社会学家贝克（Ulrich Beck）在20世纪80年代提出风险社会理论以来，风险治理日渐成为理论界和实务界共同关注的重大课题。特别是进入21世纪以来，随着世界经历新一轮大发展大变革大调整，国际体系和国际秩序深度调整，人类文明发展面临的新机遇新挑战层出不穷，各种不确定不稳定因素明显增多，加强风险治理成为各国普遍面临的一项紧迫而重大的任务。

　　2020年对所有人来说都是极不平凡的一年。面对突如其来的新冠肺炎疫情，中国人民齐心合力、众志成城，谱写抗疫史诗。在共克时艰的日子里，有逆行出征的豪迈，有顽强不屈的坚守，有患难与共的担当，有英勇无畏的牺牲，有守望相助的感动。艰难方显勇毅，磨砺始得玉成。然而，疫情防控常态化时代的复杂性和长期性对全球风险治理体系带来了巨大的挑战，从科学基础、治理框架到理念共识都面临着系统的迭代甚至重构。对于中国

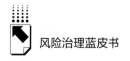
这样一个疆域辽阔、人口众多、阶段多样的发展中国家，搭建有效可持续的风险治理体系、推动应急管理体系和能力的现代化、实现统筹发展与安全的新格局，将成为新阶段的一个重大挑战。这不仅需要从数字化、生态化、精细化、社会化的业务层面全方位展开探索，更需要从坚持党的全面领导、坚持以人民为中心、坚持新发展理念、坚持深化改革开放、坚持系统观念的五维视角来深刻认知。

在健全公共服务体系方面，党的十八大以来，国家应急管理体系建设进入了"快车道"，在做好突发公共事件应对的同时，应急管理体制、机制、法制等各方面发展都取得了显著的进展。不过，各级党政部门以及社会各界都是从权责的角度来思考公共安全问题，突出了应急管理的个性特征，难免忽略了公共安全作为一类基本公共物品的共性规律。我们需要清醒地认识到，公共安全本质上是一种公共物品，向公民提供公共安全服务、营造安全有序的社会环境是政府的一项基本职责。中央在"十四五"规划和2035年远景目标中，重点强调了我国公共服务体系的建设，不仅在目标中加以明确，而且从基本建设、均等化水平、数字化智能化水平、基层保障能力、体系健全等视角进行了系统的阐释。为此，对于公共安全服务，各级党政部门将同样面临挑战，即如何做好服务体系建设，提升服务均等化、数字化、智能化水平，以及增强基层服务保障等现代化能力，以解决公共安全服务需求的快速增长与有效供给不足之间的矛盾。

在社会治理创新方面，联合国推动的《2015~2030年仙台减少灾害风险框架》以及党中央、国务院2016年制定的《关于推进防灾减灾救灾体制机制改革的意见》均有明确表述。应急管理部成立以来，也加大了相应的工作力度，探索建立社会力量参与应急救援机制，通过搭建协作服务平台、组织竞赛比武和评估认证等方式，提高社会力量参与的规范化、科学化水平，引导社会应急力量有序、有力、有效参与应急管理，推动形成国家综合性消防救援队伍、专业应急救援队伍和社会应急力量良性互动、共同发展的格局。在抗击新冠肺炎疫情中，我国的应对实践更是充分说明了这一点，除了各类企业的大力支持之外，志愿者和社会组织作为社会各界参与疫情防控的代表者、各级政府全面攻坚战中的辅助者，积极创新递送各类服务，成为应急管理中重要的人力供给、知识流动、服务递送以及社会调节渠道。

在推进文化建设方面，世界关于灾害应对的普遍认知正在从被动的灾害损失控制向主动的灾害风险管理再向系统的韧性建设逐步转变。在这一过程中，我们需要深刻意识到平安中国的实现不仅需要外部主体的递送、多元主体的参与，更重要的是主体自身的韧性因素锻造。目前我国的防灾减灾教育社会化、常态化和规范化的程度仍有待提升，教育形式有待创新。因此，注重学校、社区和家庭多元参与的灾害教育模式将有利于构建实用性、互动性、体验性、多主体、多层次的灾害宣传教育体系，有效提升学校安全工作的质量和水平，强化学生的减灾意识和技能，推动全国减灾文化的形成。

总之，进入新发展阶段，贯彻新发展理念、构建新发展格局背景下，要全面实现风险治理体系的优化，夯实人民生命安全的保障底线，应该从健全公共服务体系、创新社会治理和推进文化建设等三个路径系统推进。当然，这都会牵一发而动全身，不仅需要理性、科学地系统规划，更需要不忘初心，紧扣在安全体系的建设中提高解决实际问题的能力，这会是风险治理体系不断完善的底线基础。

基于此，本书不仅勾勒了党政推动下风险应对体制机制的完善优化，还用了很大篇幅来刻画社区、学校等多元场域，社会组织、志愿者、企业等多元主体以及从物资保障、公共服务等视角来呈现风险治理中的复杂场景。我们召集相关领域一众志同道合的伙伴共同"绘制"出这样的图景，也是试图提醒政策决策者、行业实践者以及社会参与者能够从公共服务、社会治理、文化建设等立体性路径进行统筹思考、系统规划、创新行动。

最后，在展望未来路径的同时，我也感谢所有参与编撰的数十位专家学者，有了他们的辛勤付出和专业智识，才能让本书的年度观察具有代表性和启示性。在历时一年有余的编写过程中，我们也得到了中国应急管理学会、清华大学公共管理学院、中国应急管理研究基地、北京城市系统工程研究中心、基金会救灾协调会、商道纵横、中国教育科学研究院教育法治与教育标准研究所、北京博能志愿公益基金会等本领域相关机构的鼎力支持。特别感

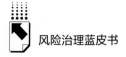
谢不吝赐教的孟宪范教授以及做好全过程目标管理的学术秘书徐硕女士，还有积极参与相关资料整理的刘冠群、王娅梓等同学。本书的顺利付梓还得感谢支持本书出版的南都公益基金会、基金会救灾协调会和北京师范大学"全球发展战略合作伙伴计划"之"国际人道与可持续发展创新者计划全球在线学堂项目"。当然，最需要被铭记的是本书诸多案例中刻画的在新冠肺炎疫情应对中的最美逆行者、在各类灾害风险应对中的创新实践者，正是因为有了他/她们，我们才能真正构建起捍卫生命的安全网。

张　强

2021 年 6 月于北京

社会科学文献出版社

皮书

智库成果出版与传播平台

❖ 皮书定义 ❖

皮书是对中国与世界发展状况和热点问题进行年度监测，以专业的角度、专家的视野和实证研究方法，针对某一领域或区域现状与发展态势展开分析和预测，具备前沿性、原创性、实证性、连续性、时效性等特点的公开出版物，由一系列权威研究报告组成。

❖ 皮书作者 ❖

皮书系列报告作者以国内外一流研究机构、知名高校等重点智库的研究人员为主，多为相关领域一流专家学者，他们的观点代表了当下学界对中国与世界的现实和未来最高水平的解读与分析。截至 2021 年底，皮书研创机构逾千家，报告作者累计超过 10 万人。

❖ 皮书荣誉 ❖

皮书作为中国社会科学院基础理论研究与应用对策研究融合发展的代表性成果，不仅是哲学社会科学工作者服务中国特色社会主义现代化建设的重要成果，更是助力中国特色新型智库建设、构建中国特色哲学社会科学"三大体系"的重要平台。皮书系列先后被列入"十二五""十三五""十四五"时期国家重点出版物出版专项规划项目；2013~2022 年，重点皮书列入中国社会科学院国家哲学社会科学创新工程项目。

皮书网

（网址：www.pishu.cn）

发布皮书研创资讯，传播皮书精彩内容
引领皮书出版潮流，打造皮书服务平台

栏目设置

◆ **关于皮书**

何谓皮书、皮书分类、皮书大事记、
皮书荣誉、皮书出版第一人、皮书编辑部

◆ **最新资讯**

通知公告、新闻动态、媒体聚焦、
网站专题、视频直播、下载专区

◆ **皮书研创**

皮书规范、皮书选题、皮书出版、
皮书研究、研创团队

◆ **皮书评奖评价**

指标体系、皮书评价、皮书评奖

◆ **皮书研究院理事会**

理事会章程、理事单位、个人理事、高级
研究员、理事会秘书处、入会指南

所获荣誉

◆ 2008 年、2011 年、2014 年，皮书网均
在全国新闻出版业网站荣誉评选中获得
"最具商业价值网站"称号；

◆ 2012 年，获得"出版业网站百强"称号。

网库合一

2014 年，皮书网与皮书数据库端口合
一，实现资源共享，搭建智库成果融合创
新平台。

皮书网

"皮书说"
微信公众号

皮书微博

权威报告·连续出版·独家资源

皮书数据库
ANNUAL REPORT(YEARBOOK)
DATABASE

分析解读当下中国发展变迁的高端智库平台

所获荣誉

- 2020年，入选全国新闻出版深度融合发展创新案例
- 2019年，入选国家新闻出版署数字出版精品遴选推荐计划
- 2016年，入选"十三五"国家重点电子出版物出版规划骨干工程
- 2013年，荣获"中国出版政府奖·网络出版物奖"提名奖
- 连续多年荣获中国数字出版博览会"数字出版·优秀品牌"奖

皮书数据库

"社科数托邦"
微信公众号

成为会员

登录网址www.pishu.com.cn访问皮书数据库网站或下载皮书数据库APP，通过手机号码验证或邮箱验证即可成为皮书数据库会员。

会员福利

- 已注册用户购书后可免费获赠100元皮书数据库充值卡。刮开充值卡涂层获取充值密码，登录并进入"会员中心"—"在线充值"—"充值卡充值"，充值成功即可购买和查看数据库内容。
- 会员福利最终解释权归社会科学文献出版社所有。

数据库服务热线：400-008-6695
数据库服务QQ：2475522410
数据库服务邮箱：database@ssap.cn
图书销售热线：010-59367070/7028
图书服务QQ：1265056568
图书服务邮箱：duzhe@ssap.cn

社会科学文献出版社 皮书系列
SOCIAL SCIENCES ACADEMIC PRESS (CHINA)

卡号：391219796283
密码：

S 基本子库
UB DATABASE

中国社会发展数据库（下设 12 个专题子库）

紧扣人口、政治、外交、法律、教育、医疗卫生、资源环境等 12 个社会发展领域的前沿和热点，全面整合专业著作、智库报告、学术资讯、调研数据等类型资源，帮助用户追踪中国社会发展动态、研究社会发展战略与政策、了解社会热点问题、分析社会发展趋势。

中国经济发展数据库（下设 12 专题子库）

内容涵盖宏观经济、产业经济、工业经济、农业经济、财政金融、房地产经济、城市经济、商业贸易等 12 个重点经济领域，为把握经济运行态势、洞察经济发展规律、研判经济发展趋势、进行经济调控决策提供参考和依据。

中国行业发展数据库（下设 17 个专题子库）

以中国国民经济行业分类为依据，覆盖金融业、旅游业、交通运输业、能源矿产业、制造业等 100 多个行业，跟踪分析国民经济相关行业市场运行状况和政策导向，汇集行业发展前沿资讯，为投资、从业及各种经济决策提供理论支撑和实践指导。

中国区域发展数据库（下设 4 个专题子库）

对中国特定区域内的经济、社会、文化等领域现状与发展情况进行深度分析和预测，涉及省级行政区、城市群、城市、农村等不同维度，研究层级至县及县以下行政区，为学者研究地方经济社会宏观态势、经验模式、发展案例提供支撑，为地方政府决策提供参考。

中国文化传媒数据库（下设 18 个专题子库）

内容覆盖文化产业、新闻传播、电影娱乐、文学艺术、群众文化、图书情报等 18 个重点研究领域，聚焦文化传媒领域发展前沿、热点话题、行业实践，服务用户的教学科研、文化投资、企业规划等需要。

世界经济与国际关系数据库（下设 6 个专题子库）

整合世界经济、国际政治、世界文化与科技、全球性问题、国际组织与国际法、区域研究 6 大领域研究成果，对世界经济形势、国际形势进行连续性深度分析，对年度热点问题进行专题解读，为研判全球发展趋势提供事实和数据支持。

法律声明

"皮书系列"（含蓝皮书、绿皮书、黄皮书）之品牌由社会科学文献出版社最早使用并持续至今，现已被中国图书行业所熟知。"皮书系列"的相关商标已在国家商标管理部门商标局注册，包括但不限于 LOGO（　）、皮书、Pishu、经济蓝皮书、社会蓝皮书等。"皮书系列"图书的注册商标专用权及封面设计、版式设计的著作权均为社会科学文献出版社所有。未经社会科学文献出版社书面授权许可，任何使用与"皮书系列"图书注册商标、封面设计、版式设计相同或者近似的文字、图形或其组合的行为均系侵权行为。

经作者授权，本书的专有出版权及信息网络传播权等为社会科学文献出版社享有。未经社会科学文献出版社书面授权许可，任何就本书内容的复制、发行或以数字形式进行网络传播的行为均系侵权行为。

社会科学文献出版社将通过法律途径追究上述侵权行为的法律责任，维护自身合法权益。

欢迎社会各界人士对侵犯社会科学文献出版社上述权利的侵权行为进行举报。电话：010-59367121，电子邮箱：fawubu@ssap.cn。

社会科学文献出版社